AF227213

MES VOYAGES

ORIENT

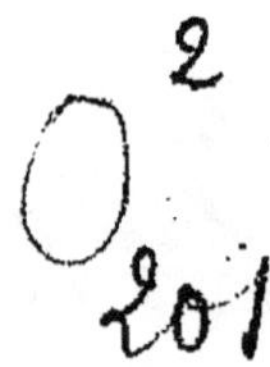

PARIS. — TYPOGRAPHIE MORRIS ET COMPAGNIE

54, RUY AMELOT, 54

MES VOYAGES

ORIENT

PAR

FRÉDÉRIC MARTEL FILS

Plus videas oculis tuis quam alienis.

PHÈDRE.

PARIS

TYPOGRAPHIE MORRIS ET COMPAGNIE

64, rue Amelot, 64

—

1859

NOTICE

J'ai lu mon manuscrit à quelques amis, ils ont bien voulu m'encourager à lui donner de la publicité.. Longues ont été mes hésitations..... Grande est ma témérité en le livrant à l'impression. J'ai le doux espoir que la bienveillance de mes lecteurs ne me fera pas défaut. Nouveau venu dans l'art d'écrire, j'ai besoin de beaucoup d'indulgence. J'ai vu bien des pays, j'ai fixé mes souvenirs sur chacun d'eux. Si ce petit volume offre de l'attrait, je ferai paraître ce que j'ai écrit sur mes voyages. . . . .

A MA FILLE

J'ai profité de ton jeune âge et du temps nécessaire à tes études pour faire des courses lointaines ; plus tard, quand ton éducation sera complète, je te consacrerai mon expérience ; je remplacerai ta bonne et pieuse mère, dont les conseils t'eussent été si précieux ; tu vivras à mes côtés, ton bonheur sera le mien. Je te dédie ces lignes, ma chère enfant, c'est un essai que veut tenter ton père, qui t'aime tendrement.

A MON PÈRE, A MA MÈRE

Éloigné de vous, vous êtes toujours présents à ma pensée. Je suis heureux de vous dédier aussi mes premiers écrits, et de vous réitérer l'expression de ma reconnaissance et de ma vive amitié.

De retour au mois de juillet 1853 d'un voyage en Suisse, j'écrivis, en rentrant dans mes foyers, les lignes suivantes :

« Où irai-je maintenant? J'ai parcouru la France en tous sens; j'ai séjourné souvent à Paris, la cité des merveilles; je suis entré à Londres par la Tamise; j'ai vu la Savoie, la vallée de Chamouny, le mont Blanc, ses glaciers, et les sublimes horreurs du passage de Tête-Noire. Traversant les Alpes, je suis descendu en Italie par le grand Saint-Bernard et la vallée d'Aoste : j'ai vu Turin, Milan, la Lombardie et son magnifique territoire; la belle mais triste Venise. J'ai admiré Gênes, Florence, Pise et sa tour penchée, et me suis recueilli dans la Rome éternelle. J'ai savouré la douceur du climat de Naples, respiré l'air embaumé de son golfe, gravi le sommet du Vésuve; visité Pompéia, la ville du silence, ainsi que les temples de Pœstum, les plus anciens de l'Occident. J'ai posé le pied en Sicile, dans la riante Palerme; en Corse, à Bastia. J'ai visité la Belgique, la Hollande, une partie de la Prusse. Je suis allé méditer sur le tombeau de Charlemagne, à Aix-la-Chapelle. J'ai remonté le Rhin d'Arnheim à Mayence, de Schaffouse à Constance. Je me suis reposé dans les grands bains d'Allemagne, Wiesbaden, Hombourg, Bade ! J'ai vu la Suisse, et j'ai navigué sur tous ses lacs. Une main invisible semble me pousser, et une voix me dire : Marche !... suis ta destinée, tu auras plus tard de beaux souvenirs... J'obéis, mais cette fois je veux quitter les rivages d'Europe pour aller visiter la terre des Pharaons et celle de Chanaan... Je verrai le Nil, les Pyramides et Jérusalem... le Jourdain et la mer Morte... L'Évangile, à la main, je m'arrêterai dans beaucoup de lieux immortalisés par le passage du Fils de Dieu fait homme. Je me prosternerai devant la crèche qui a vu naître dans la pauvreté le Rédempteur du genre humain, et je m'humilierai devant le sépulcre du Sauveur. Je longerai les rivages où furent Tyr et Sidon... Je franchirai le Liban pour aller voir les immenses ruines de Balbeck et Damas, la perle de l'Orient. Puis, naviguant au milieu de l'Archipel, j'irai à Rhodes, à Smyrne... à Constantinople... à Athènes... Et je rentrerai dans mes foyers par le golfe de Lépante, l'Adriatique et l'Italie, dont je foulerai le sol pour la troisième fois. »

Voilà un bien long itinéraire, mon âme bondit de joie en y pensant. . . . . Me sera-t-il donné de revoir les miens et ma patrie?. . . . . J'ai beaucoup de dangers à braver et sur mer et sur terre. . . . . Les prières de ma fille me porteront bonheur. . . . . Je partirai. . . . .

. . . .

Le voyage projeté s'effectua, comme je l'avais décidé. Au mois d'août 1854, après avoir visité l'Orient, j'écrivis mes impressions, auxquelles j'ai ajouté quelques pages en 1859.

Je quittai de nouveau mon pays natal avec un de mes compatriotes, jeune homme intelligent, réunissant toutes les qualités du touriste. Je m'arrêtai quelques jours à Marseille pour mettre en règle mon passe-port, et prendre des lettres de recommandation et de crédit; et le 21 janvier 1854, nous gravîmes la montagne pour aller prier la Vierge à Notre-Dame-de-la-Garde de nous protéger pendant le voyage que nous allions entreprendre. La mer que nous voyions au-dessous de nous, calme et tranquille, avait été les jours précédents violemment agitée, les naufrages avaient été fréquents, et puis on ne cessait de nous répéter que la guerre pouvait éclater d'un moment à l'autre, que la saison d'hiver était peu favorable pour entreprendre une longue traversée ; il fallait une volonté bien ferme pour donner suite à nos idées de départ. Mais il était écrit que ce voyage projeté depuis longtemps devait s'effectuer. Ce ne fut pas sans émotion qu'au retour du sanctuaire vénéré nous quittâmes le quai... A peine installés dans la nacelle, les idées les plus mélancoliques vinrent m'assaillir... je les éloignai... Mon absence devait être longue... Je restai un moment pensif et silencieux, et je fis signe au batelier de partir... Nous traversâmes le port encombré de navires, et quelques instants après nous posions le pied sur le paquebot *l'Alexandre*. J'avais l'honneur de connaître le capitaine Giraud, qui le commandait, il nous reçut en amis... C'est un homme affable, aimé de tous ceux qui l'approchent et adoré de son équipage... Au lieu de partir de suite comme je le croyais, nous restâmes toute l'après-midi à l'ancre, à cause du retard dans l'arrivée du courrier de Paris ; nous commencions déjà à nous identifier avec le navire qui devait nous faire traverser le perfide élément. A l'*Angelus* du soir, les nombreuses cloches de la ville, en mouvement, produisaient sur moi, par leur douce harmonie, une sensation agréable. Je me plaisais à les entendre ; le ciel était bleu, les étoiles scintillaient. Enfin, au milieu de la nuit, l'ordre du départ est donné. Nous sortons du port... Les vagues mollement bercées venaient mourir sur le rivage ; peu à peu les lumières de la ville bruyante disparurent à nos yeux. Nous voilà au large... Le bruit cadencé de la machine rompait seul le silence qui nous environnait... L'équipage était à la manœuvre. Il y a dans cette vie du marin quelque chose d'élevé et de noble que l'on apprécie mieux encore quand on vit éloigné des ports de mer. Tout ce personnel, depuis celui qui commande jusqu'au dernier d'entre ceux qui obéissent, porte en lui un caractère de grandeur et d'abnégation qui frappe. Ces hommes, habitués à braver la tempête, à n'avoir presque pas de repos le jour et quelques heures seulement la nuit, vous pénètrent de respect ; et puis les machinistes, les chauffeurs, les soutiers, ces obscurs soldats de la civilisation qui vivent ignorés, n'ont-ils pas une large part dans les annales du progrès ? Pour eux, la vie s'écoule près de leur machine, au milieu des ardeurs du feu et dans les infects réduits de la soute aux charbons ; que les vagues se déchaînent, que la mer devienne furieuse, ils sont là, tous intrépides et calmes, et sous leur main la machine obéissante lutte contre les vagues et conduit le navire au port. Nobles hommes du travail, vous m'avez vivement impressionné ; votre physionomie porte l'empreinte de la satisfaction que donne le devoir accompli, et du contentement que procurent rarement les richesses... J'avais bien fantaisie d'être sur pied au soleil levant, mais le sommeil l'emporta sur ma curiosité ; aussi n'étions-nous sur le pont que lorsque cet astre inondait de ses rayons l'immensité qui nous environnait. Nous longeâmes les montagnes de la Corse, à la cime couverte de neige ; la mer était unie comme une glace, pas une ride sur ses eaux d'un bleu d'azur, le navire ne faisait aucun mouvement. Debout sur la passerelle, nous considérions le bateau filant avec rapidité ; à gauche, nous apercevions la baie d'Ajaccio, sans distinguer la ville qui a vu naître Napoléon... En face, et au loin, l'île de Sardaigne nous montre ses rochers arides ; le détroit de Bonifacio, dans lequel nous allons entrer, sépare les deux îles ; puis le soleil se couche en feu à notre droite, et tout ce spectacle nous plonge dans une douce rêverie... Ce sont de ces moments heureux où l'âme se dilate, et où des scènes si majestueuses la font tressaillir. La nuit était obscure quand nous entrâmes dans les bouches ; nous longeâmes les dangereux écueils des Moines, et au lieu de passer entre le phare de la Testa et celui de Razzoli, comme on le fait de jour, nous filâmes droit entre ce dernier et celui de Bonifacio, à cause du danger qu'eût offert la première ligne qui a été le témoin muet de beaucoup de désastres. Tout périlleux qu'est ce passage, il est fréquenté, car il abrége la route ; le clapotement des roues interrompait seul le ton solennel du commandement ; tous prêtaient une oreille attentive, à bord, à la moindre parole et au moindre geste de notre capitaine, qui nous fit heureusement franchir ces difficiles parages. Je descendis dans ma cabine, le sommeil s'empara de moi ; quand je voulus me lever le lendemain, la mer était houleuse, et, à peine sur pied, je sentis mon estomac en balance, et mon corps vaciller ; adieu dès lors aux observations, plus d'examen, plus de charme ; je me jetai de nouveau sur mon lit pour ne le quitter que dans le port de Malte, où j'arrivai avec plaisir, car la mer m'avait fatigué. La traversée avait duré soixante-sept heures.

Ce qu'il y a de cruel, quand on a le mal de mer, c'est qu'il est bien difficile de prendre aucune nourriture autre que des liquides, et que la pensée même de se sustenter fait tomber en syncope. J'en étais réduit à entendre fonctionner à table les rares privilégiés exempts de ses atteintes, que je ne puis mieux comparer qu'aux sueurs froides que cause, à tout fumeur novice, un mauvais cigare. Pour en amoindrir les effets, il faut, quand faire se peut, choisir sa cabine au centre du navire, pour être moins ballotté, se tenir couché, et ne se retourner dans son lit qu'avec la plus grande précaution et sans saccades.

On ne peut se faire une juste idée du luxe de vaisselle, du confortable du service et de table déployés à bord des paquebots des Messageries impériales... mais peu m'importait à moi, c'était le supplice de Tantale... je ne pouvais toucher à rien...

Ce qui me frappe, avant de débarquer à la Valette, ce sont les uniformes des soldats anglais que j'aperçois sur les remparts ; ce qui me captive, en posant le pied à terre, c'est leur bonne mine ; leur tenue est belle, leur maintien un peu roide, mais ils ont une certaine distinction ; ce qui me saisit surtout, ce sont les admirables fortifications que je vois... Pénétrons dans la ville... les rues sont en pente ; pour les gravir avec facilité, on a disposé, à droite et à gauche de beaucoup d'entre elles, des trottoirs avec des escaliers. Partout règne une propreté exquise, partout des balcons surmontés d'un vitrage, où s'étalent de belles têtes de femmes, un peu trop timides et quelquefois fugitives ; on aimerait à les contempler plus longuement. Le type féminin, saisi à la hâte, fait pressentir l'Orient ; les femmes ont généralement de beaux yeux, beaucoup de souplesse dans la taille ; à l'exception de quelques-unes habillées à la française, toutes sont vêtues de noir, elles portent avec grâce la faldetta, vêtement qui leur couvre la tête et encadre leur torse d'une manière délicate. Rien dans leur regard ne dénote la coquetterie : on s'accorde à vanter leurs qualités comme épouses et comme mères. La race maltaise est un composé de peuples divers, elle n'offre donc rien de caractéristique ; les hommes ont le teint très-brun ; je trouve qu'ils ont, sous beaucoup de rapports, le cachet espagnol : ils portent de larges pantalons et de petites vestes rondes, et le long bonnet plutôt bleu que rouge. On parle ici beaucoup l'anglais, beaucoup l'italien, on comprend le français... Malte est devenue si souvent la proie des étrangers, qu'elle est, on peut le dire, une île à part, elle n'a pu se créer une nationalité. La France a régné peu de temps, il est vrai, en souveraine en ce lieu ; l'homme qui a remué le monde lui a fait sentir sa puissance, et aujourd'hui l'Angleterre la possède... Cette conquête est d'une haute importance pour elle ; avec Malte, sa position dans la Méditerranée est admirable. On vante beaucoup l'agilité des Maltais, et on les dit les meilleurs matelots connus. La via Reale, la via Britannica, sont de belles rues qui dominent la ville, très-longues et larges, et aussi propres que belles, mais un peu monotones. Il n'y a pas, dans les habitations, d'architecture grandiose, mais les constructions portent néanmoins l'empreinte d'hommes aux idées larges ; si nous entrons chez quelques personnes pour lesquelles nous avons des lettres de recommandation, après avoir traversé de beaux vestibules, nous sommes introduits dans des appartements aux plafonds élevés, et nous pouvons nous convaincre du confortable de leur intérieur... L'église cathédrale, dédiée à saint Jean, mérite d'être vue ; si le dehors en est simple, tout atteste au dedans la magnificence des grands maîtres de l'ordre de Malte. Elle renferme un chef-d'œuvre de Caravajjo, la *Décapitation de saint Jean* et plusieurs mausolées remarquables, tels surtout que ceux des grands maîtres Vilhena et Nicolas Cottoner. Dans la chapelle de France, on verra les tombeaux de Joachim et Adrien Vignacourt, celui d'un Rohan, et plus particulièrement le mausolée que le roi Louis-Philippe fit élever à son frère, le comte de Beaujolais, mort à Malte, en 1808 ; c'est une œuvre de Pradier. Le maître-autel est incrusté de lapis-lazuli ; derrière, au fond du chœur, on admire un groupe qui représente le baptême de Notre-Seigneur, ouvrage très-vanté. Les richesses de cette église sont prodigieuses ; l'ornementation de l'autel est en argent massif; on peut voir une grille de même métal qui ferme une chapelle, et de grandes croix en or. Les écussons, les blasons dorés étalent leur antique splendeur et parlent aux yeux et à l'âme de la haute noblesse des vieux membres de l'ordre, tous appartenant à d'illustres et opulentes familles. Mais comme il est dans les destinées de notre pays que la France, en tout et partout, occupe un rang exceptionnel, tout redit que c'est un Français, la Valette, né en Provence, qui a bâti la ville qui porte son nom. Quels hommes que nos aïeux ! ils ont imprimé leurs pas dans tous les lieux où l'on trouve de grands souvenirs. Comme je vais continuer ma course vers l'Orient, et que je les retrouverai valeureux et grands sur ces plages lointaines, je dirai alors à leur gloire tout ce que je voudrais pouvoir placer ici. Qui donc, à la vue des pyramides et d'Héliopolis, ne se rappellerait leurs valeureux exploits ! ! !

A l'angle de quelques rues, on trouve au premier étage de grandes statues de saints exposées à la dévotion des fidèles, aux pieds desquelles brûlent des lampes ; je n'ai aperçu que quelques madones, les habitudes italiennes n'ont pu trouver place à Malte : je m'en félicite pour l'honneur de la religion, car je n'aime pas à voir la mère de Dieu si publiquement exposée et assistant aux scènes très-souvent scandaleuses de la rue ; il faut à tant de pureté le silence de l'église. J'ai vu, dans la chapelle des Ames du purgatoire, une tombe au-dessus de laquelle est une plaque de marbre posée sur le sol, qui indique le lieu où repose M. Auguste Fabreguettes de Lodève, consul de France, mort à Malte. Loin de son pays, les affections de famille redoublent ; j'ai été longuement ému en considérant cette pierre qui recouvre les restes d'un parent et d'un compatriote. Il ne faut pas, en voyage, se laisser aller à la pensée de la mort ; si des idées sinistres viennent souvent frapper votre esprit, c'en est fait de vous, rentrez au plus vite, car les courses lointaines entraînent à leur suite un peu de mélancolie qu'il faut bannir, surtout quand on se dit que les mains d'un ami ne serreraient pas les vôtres à vos derniers moments, et que ce serait un étranger, et peut-être encore, qui fermerait vos yeux loin du sol natal !

Le palais des grands maîtres, aujourd'hui résidence du

gouverneur anglais, est un bel édifice dont la façade n'a pas d'ornementation, mais dont l'aspect est imposant. La bibliothèque doit être vue... Les voitures dites *calessie*, qui servent de fiacres, sont suspendues sur un seul essieu qui est à l'arrière, le cheval supporte tout le poids du véhicule ; un homme à pied, courant à côté de la bête, vous sert de conducteur ; votre automédon va presque toujours pieds nus. A Malte, les chevaux que l'on attèle et que l'on monte sont presque tous arabes et entiers ; ce sont d'excellents animaux, qui ont, il est vrai, peu de taille, mais assez d'élégance.

Citta-Vecchia, ou *vieille ville*, est à six ou huit kilomètres de la Valette ; on traverse, pour s'y rendre, les doubles fortifications du côté de terre, et peu après on passe sous une porte surmontée de quatre fleurs de lis ; elle a été élevée par le grand maître Vignacourt. On suit une route triste et monotone ; les champs, en petites parcelles, sont bordés de petites murailles à pierre sèche ; l'œil ne se repose nulle part avec plaisir, la nature est partout stérile et presque désolée ; il n'y a pas trace de culture, et la terre même doit se refuser à produire, car le fonds doit manquer. Cependant, on dit que l'intérieur du pays est admirablement cultivé, malgré cette pénurie de terre végétale ; tant que la vue peut s'étendre, on n'aperçoit pas un seul arbre ; ce pays-là doit être une fournaise en été. Citta-Vecchia représente la grandeur déchue ; on y voit de très-beaux et de très-riches hôtels, mais inhabités et qui tombent en ruines ; pour quelques centaines de francs par an, on pourrait louer l'un d'eux, mais l'ennui vous y écraserait de tout son poids, et mieux vaudrait une cabane au bord d'un ruisseau qu'un séjour de prince en un pareil lieu. L'église Saint-Paul est construite en petit, bien entendu, sur le modèle de Saint-Pierre de Rome ; on y vénère ce saint, et l'on célébrait sa fête le jour de notre visite ; on avait fait grande exhibition de patènes en or, en argent, de coupes, d'ostensoirs. Je n'aime pas trop ce luxe qui ressemble à l'étalage d'un orfévre ; tout doit être grand dans le temple du Seigneur, et la prétention doit en être bannie. Je ne fais pas assez la part des habitudes locales, j'en conviens ; peut-être ce peuple a-t-il besoin de reposer ses yeux sur des objets qui le frappent. On chanta les vêpres avec accompagnement de musique du meilleur effet. Je visitai les catacombes où se réfugièrent les premiers chrétiens pour braver la tyrannie de leurs persécuteurs. J'ai vu des femmes assises sur les dalles et sur les marchepieds des chapelles de l'église, toujours vêtues de noir, et portant l'önella et la faldetta. L'une d'elles, admirablement drapée, nous montrait une figure de madone et des yeux de démon ; mais ici, comme à Malte, les femmes sont, dit-on, vertueuses ! Je le crois… mais de pareils yeux sont bien près d'appartenir au diable. Nous

revînmes à la Valette, dans notre calessina, notre cocher
nous mena hardiment, suivant toujours le cheval à pied.
Il y avait quantité de piétons et quelques voitures, c'é-
tait sans doute le Longchamps de l'endroit. Il n'y a pour
un étranger, à Malte, aucun genre de distraction le soir.
La ville est éclairée, mais non au gaz ; les rues sont si-
lencieuses. La population de l'île est de cent mille âmes,
la garnison de quatre mille hommes.

Occupée par Tyr, Rome et Carthage, par les Arabes, les Normands, par la maison d'Anjou, par celle
d'Aragon, dont Charles-Quint devint l'héritier, ce dernier céda l'île aux frères hospitaliers, l'an 1530; ceux-
ci, forcés de quitter Rhodes, en 1522, après un siége
vaillamment soutenu contre Soliman II, se retirèrent
d'abord à Viterbe, puis à Malte, et en prirent le nom ;
ils la gardèrent jusques en 1798, où Bonaparte s'en
rendit maître, sans beaucoup de difficultés, en allant en
Égypte ; les Anglais s'en emparèrent en 1800 ; les traités
de 1815 leur en donnèrent la possession définitive. L'ordre de Malte se partageait en huit nations de noms différents. . . . .

Après nous être reposés deux jours dans cette place
forte, nous fûmes prendre place à bord de *l'Égyptus,*
qui devait nous conduire à Alexandrie. M. Hommey, qui
avait le commandement de ce beau navire, nous fit bon
accueil ; c'est un des meilleurs et surtout un des plus in-

trépides officiers des *Messageries*. Nous partons, un bon vent d'ouest nous pousse, nous filons dix nœuds à l'heure. Le soleil levant nous trouve sur le pont; le mal de mer s'empare de moi, je vais, tout angoissé, et semblable à un spectre, me jeter sur le lit et me mettre au bouillon, toute autre nourriture me devenant insupportable. Que faire? Lire dans cette position? le mal me prive de ce plaisir. La deuxième nuit arrive, la mer devient assez forte; je me tourne et retourne dans ma couchette sans pouvoir trouver le sommeil, et je me rappelle cette ode d'Horace :

> Illi robur et æs triplex
> Circa pectus erat, qui fragilem truci
> Commisit pelago ratem.

Mes douleurs augmentent; le roulis est fort, le craquement du bois des cabines m'empêche de dormir, malgré le besoin que j'en ai. (Il fallait, en effet, qu'il eût un cœur de bronze, celui qui, le premier sur un frêle esquif, osa confier sa vie aux vagues écumantes de la mer.) L'homme aime l'inconnu : nous voilà à la merci des flots, loin de toutes côtes... qu'une voie d'eau se déclare, que les pompes deviennent insuffisantes, que deviendrons-nous? J'en étais là de mes réflexions, lorsque deux secousses successives font trémousser le navire. Me voilà sur pied, mon compagnon s'éveille en sursaut, passant ses deux mains sur ses yeux. — Qu'est-ce qu'il y a? me dit-il... — Je n'en sais rien, mais il y a quelque chose... Étions-nous sur un banc de sable, avions-nous été abordés?... Peu versé dans l'art nautique, toutes les suppositions étaient acceptables pour moi ; je m'habille en toute hâte, c'est dire en désordre. *L'Égyptus* est arrêté, le trop plein de la vapeur, au cri strident, s'échappe avec force, les fourneaux sont béants. Je demande la cause de ce qui vient d'arriver : un boulon s'est cassé dans une roue, qui ne peut plus fonctionner : il faut le réparer. Le navire est secoué par les vagues, la vie semble l'avoir abandonné. Il se balance comme une âme en peine. Les mécaniciens sont à l'œuvre. En peu de temps, tout est terminé, nous continuons... Je redescendis. Eh bien ! dis-je à mon ami, que penses-tu de notre voyage d'agrément?... — Nous y sommes, me répondit-il... — Je ne veux pas te dire par là que je veuille *m'en aller*... mais je suis assuré que nos amis ont déjà dit : Sont-ils heureux, leur vie n'est pas monotone au moins !... Bien sûr, à cette heure-là, ils dormaient tranquillement... Ici notre dialogue fut interrompu : l'eau pénétrant dans notre cabine par le hublot laissé entr'ouvert afin de respirer un air plus frais, je me levai pour le fermer ; mais dans l'état de malaise où je me trouvais, mon estomac se mit à faire des siennes, et les aliments de la veille avaient envie de revoir le jour. En regagnant ma couchette, un coup de tangage me fit rouler sur le tapis... Au diable la mer ! m'écriai-je, et laissez-moi donc tranquille, vous, végétaux et bouillon, si péniblement admis dans mon être ! Je me couchai semblable à un sac de terre, et je triomphai de mes ennemis par mon calme à ne pas les exciter... Ma victoire fut complète... Par le temps de progrès où nous vivons, alors que la vapeur enlace de ses ailes de feu le monde entier, que les traversées sont si fréquentes et si rapides, on rira peut-être un peu de m'entendre si souvent parler des dangers de la mer. La petite Méditerranée, qu'on appelle *un bassin*, se donne, aussi souvent que son vieux frère l'Océan à barbe grise, le luxe des tempêtes avec ses immensités. Nul, au sortir du port, ne peut être assuré d'y rentrer. La navigation a pour escorte les périls de toute sorte ; il faut à la mer des hécatombes humaines. Voyez les sinistres nombreux qui viennent jeter, tous les jours, la consternation dans les esprits et l'épouvante dans les familles.

Je ne cite pas seulement les navires d'un faible tonnage, sombrant par milliers, mais rappelez-vous ces puissants steamers engloutis par l'Atlantique presque périodiquement, ou dévorés par les flammes ; je me tairai sur les abordages... A vrai dire, je ne ferai ni un Christophe Colomb, ni un Marco Polo, ni un Vasco de Gama ; je ne découvrirai pas de nouvelles terres, mais qu'on sache bien que lorsque la tempête gronde, les plus vieux matelots ont presque tous, comme on dit vulgairement, la *mine longue*... On finit bien par prendre un peu le pied marin, mais il faut lutter, et beaucoup... On dit aussi que tout mal cesse en touchant la terre : c'est une erreur, pendant quelques jours on ressent encore un peu de malaise... surtout si la traversée a été pénible.

Non, non, voyez-vous, lecteurs, ne vous y fiez pas ; la mer est agréable à voir du rivage, elle inspire les romanciers, elle fait soupirer les cœurs tendres... mais ses flots sont inconstants, n'allez pas les braver...

On se rappellera peut-être qu'en 1857, dans la Baltique, par un temps de faible brise, un vaisseau à trois ponts, faisant partie d'une escadre russe, voulant faire une manœuvre pour virer de bord, se coucha sur les flancs et sombra immédiatement sur place, en présence et à quelques centaines de mètres des équipages des autres vaisseaux consternés et impuissants à lui porter secours. Des mille hommes qui le montaient, pas un ne se sauva...

L'image de la mer, calme, attractive, et de la mer en furie, c'est la femme qui, par son doux sourire, son gracieux visage, sa taille fine, svelte, captive, entraîne, enlace ; sous ces apparences faibles qui font sa force, sous ce corps délicat et plein de charmes, se cachent, prêtes à vous étreindre, les tempêtes les plus violentes.

Ève perdit Adam, et, par la faute de notre premier père, le genre humain fut condamné aux souffrances et à la mort.

Salomon, dans ses vieux jours, par qui fut-il perdu ? par les dames de l'époque.

David, le grand roi, eut ses faiblesses aussi.

Samson, si fort, si redoutable, qui mit trois mille Philistins en fuite à lui seul, par qui fut-il vaincu, trahi, livré? par une certaine Dalila...

Qu'est-ce qui fut cause du fameux siége de Troie?... l'enlèvement d'Hélène!!!

Énée faillit sombrer aussi, mais il mit la mer entre lui et les cajoleries de la reine de Carthage... Cette fois, chose rare, Didon y fut pour ses frais... mais aussi le fils d'Anchise avait pour mission d'aller fonder la Rome des Césars : son cœur devait être à la hauteur de sa destinée.

Les anciens représentaient Hercule, le vainqueur du lion de Némée, filant aux pieds d'Omphale. C'était l'image de la force même, annihilée, impuissante, maîtrisée, domptée par le simple regard d'une femme se jouant d'un dieu qui avait accompli sept travaux gigantesques.

Madame Xerxès désirait avoir des esclaves grecques ; son débonnaire mari lui promit d'aller les chercher lui-même. Salamine et Platée furent la conséquence de la bonhomie du roi de Perse.

Les Tarquins furent chassés de Rome, et la royauté abolie à cause d'une femme outragée.

Pierre, le grand apôtre, devant qui renia-t-il son maître, sinon par passion, du moins par respect humain? devant une soubrette d'Israël.

Antoine, par qui fut-il subjugué? par Cléopâtre, qui lui fit perdre l'empire.

Je me tairai sur les horreurs des Borgia.

Si Masaniello fut roi quelques jours, par suite d'une révolution qui ensanglanta Naples, en 1647, quelle en fut la cause? l'amour du fils du duc d'Arcos, qui était gouverneur de ce pays au nom de l'Espagne, pour Fenella, la sœur du pêcheur d'Amalfi.

Gustave III fut assassiné, dans un bal masqué, par un mari courroucé.

93 a été en grande partie la conséquence de la faiblesse de nos rois... les époques fatales de l'histoire de tous les pays ont eu pour date le règne des courtisanes.

Où est la femme, *dove la donna*, disait un juge italien, chaque fois qu'il montait sur son siége? Il la voyait mêlée à toutes les affaires.

Otez-moi les femmes de devant les hommes, et j'en fais tous des saints, disait le grand apôtre saint Paul, qui connaissait le beau sexe.

On le comprend tellement bien en haut lieu, qu'il est défendu à un capitaine de vaisseau, à un amiral aussi, d'emmener sa femme légitime à bord, *c'est-à-dire la pureté même;* une seule ferait tourner bien des fortes têtes; s'il y en avait plusieurs, en vain brillerait l'étoile polaire, la boussole resterait sans effet ; le navire irait à la dérive.

Les avaries, les chocs, les incendies, les éclats de machines, les naufrages, n'ont pour équivalent que les dangers qu'offrent les femmes... Fuyez-les à toute vapeur... si vous le pouvez... Après cette peinture, hélas! trop vraie, l'âme se repose avec bonheur sur la mère de famille qui élève ses enfants avec sollicitude et dans la crainte de Dieu. — Sur la sœur de saint Vincent-de-Paul, modèle d'abnégation, de dévoûment et de charité. — Et sur la grande et sainte figure de la Vierge.

Nous avons ensuite un temps à grains, une brise fraîche ; on serre le petit hunier, puis la mer devient grosse ; nous avons de fortes rafales ; on serre la fortune, nous courons sous la misaine goëlette ; le même temps continue, on serre la misaine ; ensuite la mer devient très-houleuse, et nous filons près de onze nœuds à l'heure, toutes voiles serrées (le nœud vaut 1,666 mètres). La troisième nuit fut pour moi plus mauvaise que les deux premières. Je veux rester sur le pont, je m'enveloppe dans mon burnous ; le froid me gagne, les vagues viennent me mouiller : je descends. *L'Égyptus* continue fièrement sa marche. Un moment, au lever du soleil, le vent semble fléchir... illusion! il augmente, au contraire... Vers le milieu du jour, la mer grossit encore, de hautes vagues semblent vouloir nous engloutir. *L'Égyptus*, comme un serpent qui siffle et se redresse, les fait céder sous son poids, et passe au milieu d'elles, puis sa proue plonge avec frénésie dans l'onde amère ; ensuite il se renverse sur le flanc, et, dans cette position, il va comme un oiseau qui rase d'une aile la surface des flots ; se relevant, il tombe du côté opposé ; les vagues, furieuses de ne pouvoir le vaincre, le choquent, le heurtent, et semblent vouloir le serrer et l'étreindre ! Tout se brise à bord... l'anxiété est grande, l'état-major est sur la passerelle (c'est une large planche mise au haut des tambours ; on communique ainsi de l'un à l'autre, et on domine de là tout le bâtiment). La lunette à la main, on cherche Alexandrie, rien n'apparaît à l'horizon... Les calculs dénotent cependant que nous n'en sommes pas éloignés. Terre ! ! ! s'écrie-t-on enfin... Le phare et la ville se montrent presque aussitôt à nous, car le sol de l'Égypte est si bas qu'on ne l'aperçoit que lorsqu'on le touche ; quand le port apparaît au navigateur, après la tempête, son âme se dilate, et il voit enfin arriver le terme de ses fatigues ; mais ici le danger devient plus grand au fur et à mesure que nous approchons. Des roches à fleur d'eau défendent l'entrée du port ; pour y pénétrer, il nous faut un pilote, nous le cherchons, il ne vient pas ; sans doute il n'a pas osé sortir. Nous louvoyons ; déjà nous apercevons distinctement les minarets, les palmiers de la vieille cité, les navires à l'ancre. Cruelle position que la nôtre ! Enfin une petite voile apparaît, voilà notre guide ; on fait à bord des préparatifs pour le hisser sur *l'Égyptus* ;

il ne peut nous approcher sans le plus grand danger. Faudra-t-il aller nous réfugier dans la rade d'Aboukir, ou passer la nuit où nous sommes, luttant contre la mer qui grossit toujours? La physionomie de M. Hommey reste calme; il fait placer quatre hommes au gouvernail, et ses ordres deviennent graves, énergiques; nous voilà engagés, sans pilote, dans la passe des corvettes : d'immenses vagues nous laissent voir, à droite et à gauche, les rochers à découvert, quelques mètres de déviation, et nous sommes perdus corps et biens, car le moindre choc nous fait briser et sombrer sur place sans espoir de secours. Le pilote suit de l'œil notre manœuvre; debout au milieu de sa barque dont se joue la mer en furie, il nous désigne d'une main la route à suivre. Tantôt sa frêle nacelle, dont le vent gonfle l'unique voile, bondit sur les flots irrités, tantôt elle disparaît dans les larges sillons creusés par la tempête. Cette scène, rehaussée encore par le regard ardent de notre capitaine, consultant la moindre indication de cet homme, livré, pour nous sauver, à la merci de l'ouragan, pour la transmettre, lui, à son tour, à son équipage attentif, nous remplissait d'anxiété; le souffle de chacun de nous restait suspendu sur nos lèvres. Enfin, nous atteignîmes le port; quand le danger fut passé, nous vîmes notre libérateur à turban disparaître avec la rapidité du goéland... Nous avions mis quatre-vingt-huit heures pour arriver Alexandrie depuis notre départ de Malte.

2.

Je croyais renaître en entendant rouler la chaîne qui soutenait l'ancre qui devait fixer notre bateau. Bien nous valut d'avoir eu pour capitaine un marin comme M. Hommey et qui connût cette passe, car pendant plusieurs jours la tempête dura avec plus de furie, au point qu'on ne pouvait communiquer d'un navire à l'autre dans le port... Nous prenons un petit bateau pour débarquer. Tant que je me trouvai sur l'*Egyptus*, je me crus en France, le personnel, les passagers, tout était Français, autour de moi on ne parlait d'autre langue que celle de mon pays.

J'arrive à un débarcadère fait de pilotis très-haut perché, et des gens aux pieds nus, couverts de haillons, des femmes voilées, portant des chemises bleues, tout ce monde gesticulant et poussant des cris gutturaux qui m'assourdissent, me tendent des cordes pour m'aider à monter. Leur langue m'est complétement inconnue, je suis sur la terre d'Afrique, en Égypte, la patrie des Ptolémées ; mes yeux contemplent, pour la première fois, de longues files de chameaux ; j'éprouve des émotions diverses; ce peuple me paraît si malheureux, que je détourne la tête pour ne pas être témoin de tant de misère. La douane visite avec politesse mes bagages. Je prends place dans un omnibus p u me rendre à l'hôtel d'Orient ; je traverse de petites rues, toutes très-sales. J'aperçois devant les magasins des marchands accroupis, ils fument de longues pipes. Il pleuvait, tout était sombre autour de moi ; ce monde-là m'est peu sympathique, et je ne fais que l'apercevoir ; mon opinion, vite formée, n'a pas varié un seul instant, et plus je réfléchis sur l'avenir qui lui est réservé, plus il me reste la conviction que l'Europe s'emparera un jour des pays qu'il habite, pour les peupler d'hommes intelligents qui apporteront la civilisation avec eux.

Suivez la carte du monde : le croissant flotte sur les rives du Danube, et au bord de la mer Noire, dans l'Asie Mineure, en Syrie, au bord de l'Euphrate, dans l'Inde, en Égypte et le long des immenses côtes qui s'étendent d'Alexandrie à Tanger, et de ce point bien loin dans l'Atlantique. Pourquoi les enfants d'Ismaël ont-ils tant de place au soleil ? pourquoi cette race occupe-t-elle de si beaux pays ? pourquoi, ennemis jurés du nom chrétien, sont-ils les maîtres de la Terre Sainte ? Pourquoi l'Europe entière ne vient-elle pas jeter ses nombreux bataillons sur ces plages lointaines pour régénérer les enfants d'Agar ? Il faut bien que la politique ait ses nécessités et ses exigences, pour que l'Angleterre et la France réunies envoient leurs flottes et leurs glorieux enfants au secours d'une race qui a les chrétiens en horreur !... Si l'empereur Nicolas était moins ambitieux et moins avide de conquêtes, n'y aurait-il pas possibilité de refaire la carte du monde ? Les musulmans ont fait trembler

l'Occident ; devenus maîtres de presque toute la Méditerranée. Ils ont vu l'Espagne sous leur loi, et si l'épée
de Charles-Martel ne les eût écrasés sur terre, comme
la vaillance de don Juan d'Autriche sur mer, peut-être la
religion sainte du Christ serait-elle anéantie ! mais notre
Maître a dit à son disciple :

*Tu es Petrus, et super hanc petram œdificabo Ecclesiam
meam...* Et cette phrase est consolante. Battue par les
vents et les flots, la barque de Pierre ne périra jamais...

Ce nom d'Alexandrie réveille tant de souvenirs, qu'on
s'attend à une description pompeuse de tout ce qu'elle
renferme de magnifique. Nulle ville n'offre peut-être
aussi peu d'intérêt à visiter. Pas un monument imposant,
pas la moindre ruine, rien qui indique la trace du passage du grand conquérant. Quelques colonnes trouvées
dans les fondements des nouvelles maisons, voilà ce que
le touriste pourra voir. On parle de l'emplacement de la
fameuse bibliothèque, mais ce ne sont que des hypo-
thèses. Prenons un des petits baudets qui se trouvent à
la porte de notre hôtel, et parcourons la ville. La place
des Consuls, où nous logeons, est habitée par les Européens ; elle est très-vaste, le style des maisons qui l'envi-
ronnent est fort simple, les balcons en sont presque tous
en bois ; au milieu s'élève une fontaine en albâtre, surmontée d'un obélisque de même matière, petit et mesquin, et fait en deux ou trois morceaux... En Égypte,

élever un pareil *monument*, alors qu'à un quart de lieue d'Alexandrie se dresse un monolithe admirable, et qu'un autre, à côté de celui-ci, est couché couvert de sable, et repose là sans doute depuis des siècles... on appelle ces deux obélisques les aiguilles de Cléopâtre. La France a voulu embellir la plus belle place de Paris; elle a dépensé près de trois millions pour aller chercher à Luxor un bloc de granit que l'on admire, moins à cause de sa masse, qu'eu égard aux difficultés qu'il a fallu vaincre pour le faire arriver et le dresser sur son piédestal. Les grands peuples font de grandes choses! Pour aller voir la colonne de Pompée, il faut franchir les fortifications qui entourent Alexandrie; elle s'élève sur un petit monticule à quelques minutes de la ville; elle est de granit rouge d'un seul bloc; érigée en l'honneur de Dioclétien Pollion, préfet d'Égypte; on l'appelle, je ne sais pourquoi, colonne de Pompée; le chapiteau est d'ordre corinthien. On jouit de là d'une vue charmante d'Alexandrie et de la mer. On suit une fort belle route pour se rendre au canal Mahmoudié, où l'on arrive en un instant. Ce fut Méhémet-Ali qui le fit creuser; il sert à faire communiquer Alexandrie au Nil. Le nouveau chemin de fer qui doit relier cette dernière ville avec le Caire est près de là, il traverse le lac Maréotis; j'ai vu circuler sur les rails une locomotive. Les soldats que j'aperçois sont mal vêtus et n'ont pas bonne mine; ils portent de longues capotes grises; mais ils sont braves, ils en ont donné des preuves pendant la fameuse campagne d'Ibrahim-Pacha en Syrie... Les Européens comprennent largement la vie à Alexandrie ; j'ai assisté à des fêtes fort belles, j'ai admiré de fort jolies têtes de femmes, toutes mises avec la même recherche que dans les plus brillants salons de Paris ; j'ai vu d'élégants cavaliers, dansant et polkant fort bien. J'aime à remercier M. Jules Pastré de toutes ses bontés pour nous ; voilà un homme qui fait le plus noble emploi de sa grande fortune ; ne se préoccupant que d'être agréable aux autres, il est généralement estimé. Quand M. Pastré donne une fête, on se croirait chez un prince.

Il y a à Alexandrie une belle église moderne, dédiée à sainte Catherine; un couvent de lazaristes; des frères des écoles chrétiennes, et plusieurs autres établissements inspirés par la religion chrétienne. Les mosquées n'ont rien de remarquable au dehors, les minarets sont peu élevés ; les bazars sont petits, les rues sales. Le vice-roi a un très-beau palais, bien décoré à l'européenne ; on remarquera la rare perfection des parquets et la vue de la terrasse sur le port. Rentrons à l'hôtel. Nous voici à table d'hôte; le dîner est excellent. Les domestiques sont des nègres, les uns ont les bras nus jusqu'aux épaules, les autres portent une chemise blanche; ils parlent ou comprennent presque toutes les langues; leur physionomie est douce, leur service agréable.

Il fait souvent froid à Alexandrie, et malheureusement il n'y avait pas de cheminées dans notre appartement, ni dans beaucoup d'autres. Elles ne seraient pas inutiles à certains jours, car j'ai grelotté dans ma chambre ; les fermetures sont mal faites, et cependant le climat n'est pas doux en janvier et février. De belles voitures circulent sur la place des Consuls, ce luxe est très-répandu. On aime à s'amuser à Alexandrie et on y joue d'assez grosses sommes ; on y est hospitalier, ce mot renferme toutes les louanges...

Nous quittâmes Alexandrie pour aller au Caire ; pendant sept à huit heures nous naviguâmes sur le canal Mahmoudié, nous étions remorqués par un léger bateau à vapeur. Jamais je n'ai vu équipage aussi turbulent ; quand une barque s'approche un peu trop près de la nôtre, ce sont des cris, des gestes, des trépignements indicibles ; une d'elles avait pour timonier un Arabe drapé dans un manteau brun, je crus voir le Christ de *la Femme adultère* de Signol, cette tête me frappa.

Nous longeâmes ensuite deux belles rangées d'arbres, et nous atteignîmes Atfié... Nous avons vu des villages de boue, une population littéralement nue ; la misère sous toutes les formes me parut plus grande ici qu'ailleurs. On transborde nos bagages, que nous suivons de l'œil, sur un grand bateau à vapeur ; l'écluse tourne, et nous sommes sur le Nil !!! J'ai hâte de boire de l'eau du fleuve le plus célèbre du monde. Sa largeur est grande, de deux cents mètres environ. Nous sommes sur le bras de Rosette, ses eaux coulent à deux mètres au-dessous du niveau de la plaine, il est parfaitement encaissé. Partout un horizon sans bornes, des palmiers à la taille svelte et élevée en rompent seuls la monotonie. Le soleil est brûlant. Nous voyons toujours des villages affreux; des femmes salement mises, mais noblement drapées, viennent remplir leurs cruches dans le fleuve. Quantité de barques nous croisent, elles regorgent de blé et de balles de coton. Pourquoi, mon Dieu! faut-il être témoin de tant de misère? quel est donc ce pays? De tout temps la proie des conquérants, et soumis à des peuples étrangers, il a toujours été le grenier du monde, et cependant les gens qui l'habitent ont beaucoup de peine à subsister. L'histoire de Joseph se renouvelle de nos jours, et deux fois en six ans, ne lui devons-nous pas d'avoir échappé à la famine? C'est la Bible à la main qu'on se rend compte dans la *Genèse* de la triste destinée de ce peuple; les versets du plus beau des livres semblent écrits d'hier. Leurs aïeux vendirent leurs biens à Pharaon et devinrent esclaves, et les maîtres qui les gouvernent aujourd'hui les traitent d'une manière impitoyable encore. La fécondité du sol est prodigieuse, mais l'Égyptien ne fait rien pour tirer plus de parti de la terre à laquelle il est attaché. En quelques mois la récolte a lieu, voilà la cause de son indolence. Pourquoi, du reste, travaillerait-il avec ardeur ? soumis à la règle du bâton, il exploite pour autrui, et a pour maîtres des chefs qui le pressurent, qui vivent, eux, dans l'opulence, tandis que le misérable fellah, courbé sous le poids de la chaleur, ne peut jouir du fruit de son travail. Il faut avoir vu de près les huttes de ces malheureux pour plaindre leur sort, leurs cabanes font mal à l'œil, ils vivent là pêle-mêle, hommes, femmes, enfants, animaux. De quoi se nourrissent-ils ? c'est un problème. Ils ont un pain d'un aspect repoussant, quelques cannes à sucre, et pour se désaltérer l'eau bourbeuse du Nil... Cependant quand ce peuple était florissant, la Gaule offrait à ses dieux des sacrifices humains, et notre beau pays, si riche, si puissant de nos jours, était habité par des sauvages et couvert de sombres forêts. Mais depuis la venue du Rédempteur la France tient le premier rang parmi les nations, tandis que les fils de ceux qui ont bâti Memphis et Thèbes sont devenus barbares. Pourquoi ? parce qu'ils ont courbé le front devant Mahomet, et que là où la croix ne se montre pas, la barbarie dresse sa tête hideuse.

Il était deux heures du matin quand le bateau s'arrêta près du quai à Boulac, qui est le port du Caire, dont il est éloigné de trois kilomètres ; des torchières alimentées par du bois qui pétille, répandent autour de nous une grande clarté ; des omnibus à quatre chevaux nous attendaient. Nous partons précédés de coureurs ou saïs agiles et aux pieds nus, portant des torches allumées ; et nous allons descendre à l'hôtel d'*Orient*, où nous arrivons de nuit. Le matin, au déjeuner à table d'hôte, nous faisons connaissance avec M. Jules Lemaître, l'un des industriels les plus importants de la Normandie ; c'est un homme qui comprend la vie large et élégante ; avec lui nous avons passé quelque temps en Égypte, nous avons parcouru la Syrie, nous avons vécu trois mois sans nous quitter un instant ; nos relations seront durables, car elles ont eu pour point de départ des fatigues et quelques dangers partagés en commun, et une sympathie réciproque.

La place de l'Esbekieh, sur laquelle est situé notre hôtel, est belle, les arbres ont toutes leurs feuilles vertes, et nous sommes dans les premiers jours de février... Des âniers salement vêtus encombrent le devant de la porte, nous engageant à prendre leur bon *baudet*. Ils se pressent autour de nous, ils vantent les qualités de leurs animaux, méprisent ceux des autres. Nous choisissons les aliborons qui nous paraissent les plus alertes, pendant que Gibril, le concierge de M. Coulomb, donne des coups de nerf à ceux d'entre ces Égyptiens qui ne nous laissent pas le passage libre ; ce moyen porte ses fruits, tous s'écartent, nous voilà partis ! Si vite que nous allions, nos bourriquiers sont derrière nous ; le mouvement est grand

sur nos pas, l'Orient nous apparaît enfin comme nous
l'avions rêvé. Voilà des chameaux portant sur leur dos
robuste des caisses sur lesquelles on lit : Batavia, Canton,
Bombay, Singapour ; ce sont presque nos antipodes. Viennent ensuite les voitures de transit du Caire à Suez, espèce de cellules, de souricières, où l'on entasse, pour leur
faire traverser le désert, les Anglais qui se rendent aux
Indes et qui en reviennent. Puis nous nous arrêtons pour
considérer un Arabe qui sort de son sein un énorme serpent avec lequel il joue et qui nous montre son dard.
Nous sommes au Mouski, c'est le quartier des Francs et
la grande artère du lieu ; les magasins sont presque semblables à ceux des petites villes d'Europe, on voit plusieurs enseignes françaises et beaucoup de produits de
Paris. Sur le seuil de chaque devanture sont assis des
hommes en costume européen ; ils fument la longue pipe,
presque tous sont coiffés du bonnet rouge ; il y a de la vie
partout, les couleurs éclatantes dominent ; gare à vous !
Voici une voiture qui arrive au grand trot, précédée d'un
saïs ; puis des cawas qui galopent. Comment peuvent se
mouvoir les femmes qui vont à pied, chaussées de bottes
et de babouches en maroquin jaune ? leur pantalon est dé-
mesurément large ; elles sont enveloppées des pieds à la
tête d'une immense étoffe noire, de la grandeur d'un drap
de lit, elles sont voilées ; ce costume est peu gracieux,
il n'a même aucun cachet d'originalité ; toutes sont les

mêmes, vieilles ou jeunes, laides et jolies. Laissons-les passer, et examinons ces femmes du peuple qui ont sur leur tête un grand plat dans lequel elles ont mis un jeune enfant ; d'autres les portent à califourchon sur leurs épaules. Ne les regardez pas de près, elles sont toutes fort sales, mais vous ne pouvez leur refuser beaucoup de souplesse dans leurs mouvements et beaucoup de grâce dans leurs poses. Les souliers ne les embarrassent guère, toutes vont pieds nus, les pédicures doivent avoir bien peu de besogne au Caire. Plus loin vous trouvez un café où sont accroupis quantité d'individus fumant la pipe avec impassibilité ; plus loin encore vous vous arrêtez devant la boutique d'un barbier en plein vent qui rase la tête d'un de ces pauvres diables et ne lui laisse au milieu qu'une petite mèche de cheveux avec laquelle Mahomet doit le prendre au Paradis, puis il le remplit de savon, et le pauvre patient est là, les yeux fermés, à se laisser faire. Ce bruit que vous entendez provient d'une école d'enfants ; pourquoi se balancent-ils, en se tenant l'un l'autre ? c'est pour dire la leçon. Quelle nécessité à cela ? me direz-vous. C'est l'habitude, vous répondrai-je. Mais que de malheureux privés de la vue ne rencontrez-vous pas ! l'ophthalmie est une maladie endémique. A l'extrémité du mouski, on arrive au quartier des bazars ; on passe dans de petites rues où le soleil ne se montre jamais ; il y règne toujours une grande fraîcheur ; les bou-

tiques sont petites, et ce qu'elles contiennent est fort ordinaire. Le vendeur, assis, les jambes croisées, la pipe
à la bouche, vous présente ce que vous désirez voir, et
remet tranquillement sa marchandise en place si elle
ne vous convient pas.

L'endroit où il tient ses étoffes a tout au plus deux
mètres en carré, et il passe sa vie là-dedans. Quelle différence, grand Dieu! avec les grands magasins de Paris!
Tout est à l'état d'enfance dans cet Orient tant vanté,
notre France est décidément le plus beau pays du monde.
Méfiez-vous de votre guide dans tous vos achats, car il a
une forte prime sur toutes vos acquisitions. Pour ma
part, rien n'a pu me tenter, quoique, d'habitude, j'aie
assez de fantaisies. Levez les yeux : si les rues où vous
circulez, au milieu d'une cohue sans égale, sont très-
étroites, vous ne pourrez apercevoir le ciel; les habitations ont des auvents à grillages qui se touchent les uns
les autres, à partir du premier étage : c'est très-pittoresque. On pénètre dans le marché aux esclaves, en entrant
dans une assez grande cour ; vous y verrez des nègres
des deux sexes que vous pourrez acheter moyennant
quelques centaines de francs. Pauvres malheureux, ils
viennent de la Nubie et de l'Abyssinie ; en vous voyant,
ils sortent de leurs réduits et vous demandent *bacchis;*
le sourire cependant est sur leurs lèvres, ils ignorent
sans doute leur malheur ! Les femmes ont les cheveux

frisés et enduits d'une espèce de goudron : c'est affreux. Elles portent autour des reins des franges qui couvrent leur nudité, et comme le climat du Caire est moins chaud que celui d'Assouan, elles sont enveloppées dans une toile, dont elles se drapent fort bien. Toutes, pour se rendre agréables, affectent un petit air de coquetterie. Pauvres êtres! quelle sera votre destinée? me disais-je. Si vous deviez tomber dans des mains généreuses, je vous plaindrais moins; mais où le sort vous jettera-t-il? Quel sera votre nouveau maître ? Peut-être, impitoyable, aurez-vous régulièrement la bastonnade? Quand on a vu l'Égypte, et qu'on a pu voir de près la tyrannie de ceux qui commandent, toutes les suppositions sont admissibles, et cependant les nègres sont intelligents, leur physionomie seule l'indique, nous avons pu nous convaincre de la rare sagacité de notre drogman, qui était Nubien, et qui parlait quatre ou cinq langues avec assez de facilité, à en juger par la nôtre. Je ne sais trop si ces gens-là comprenaient leur triste position; beaucoup de ceux que j'ai vus à cet ignoble marché de chair humaine avaient le sourire sur les lèvres et riaient souvent même à gorge déployée, à cause de moi, sans doute, qu'ils prenaient peut-être bien pour un sauvage ; de moi, dont la peau blanche différait, du tout au tout, de la leur. Peut-être se moquaient-ils de mes vêtements étriqués ; en cela, ils avaient raison. Peut-être ai-je été, pendant longtemps après ma sortie, l'objet de leurs conversations et de leurs sarcasmes. Si j'ai plaint tous ces malheureux, j'eusse bien voulu, par exemple, voir administrer à leur chef quelques centaines de coups de nerf. Méchant homme, dont l'œil de hyène faisait trembler ces pauvres créatures humaines confiées à sa garde. En présence de cet horrible spectacle, détournons la tête et disons-nous que les desseins de Dieu sont inconnus. Continuons, nous sommes sur la citadelle. Ici, Méhémet-Ali détruisit les mamelucks ; la mosquée qu'il y fit construire est vraiment magnifique ; pour y pénétrer, il faut poser ses chaussures et mettre des sandales. A droite, en entrant, on voit le tombeau de Méhémet ; partout de l'albâtre ; les piliers sont un peu lourds peut-être, mais l'ensemble est admirable. La cour qui la précède est vaste et pavée de marbre ; mais ne quittez pas ce lieu sans contempler le magique panorama qui se déroule sous vos yeux. Voyez au loin la chaîne libyque, les Pyramides, le Nil, qui coule presque au pied de la ville ; à votre gauche, les tombeaux des mamelucks et ceux de la ville morte ; puis, le Caire, avec ses nombreux minarets sveltes et légers ; derrière vous, la chaîne du Mokatam et le désert sans bornes ! Comment détacher sa vue de cet horizon splendide, grandiose ? Je m'y décide à regret et je me dirige vers le puits de Joseph, creusé dans le roc, à cent mètres de profondeur ; il a au moins dix mètres sur chacune de ses faces ; il sert à fournir d'eau la citadelle et il est alimenté, m'a-t-on dit, par une source unique dans le pays. La mosquée du sultan Hassan est près de la citadelle ; le travail en est délicat, mais tout porte l'œuvre de la destruction. Quelle est donc cette religion, que Mahomet a infligée à son peuple? Quel homme, que ce prétendu prophète! il a su captiver un peuple immense, lui dicter des lois et le faire plier sous sa volonté!!!

Le Caire est environné de hautes murailles. A la nuit venue on ferme toutes les portes, qui sont au nombre de quatorze. On ne peut s'aventurer dans les rues de cette immense cité sans être porteur d'un *fanoux* (lanterne) ou précédé de quelqu'un qui le porte ; faute de cette précaution, on court la chance de passer la nuit au corps de garde, dévoré par les puces et les punaises. Le Caire ressemble alors à un immense tombeau ; la ville est plongée dans un calme de mort; personne ne circule, pas un magasin n'est ouvert ; cette absence de vie afflige l'âme.

Le Caire possède quatre places principales, qu'on nomme Garameydan, Roumeley, Birkel-el-Fyl, et l'Esbekieh; ce fut dans une maison située sur celle-ci que Kléber fut assassiné par un fanatique musulman, le 14 juin 1800. Il y a au Caire quantité de ruelles fermées par des portes qui rendent la circulation difficile. Mes deux compagnons avaient un tact particulier pour se reconnaître au milieu de ces labyrinthes. On dit qu'il y a plus de deux cents mosquées. J'ai compté tout au plus soixante ou quatre-vingts minarets du haut de la citadelle. On ajoute que la population est de trois cent mille âmes : je le crois. Après Constantinople, c'est la plus grande ville de l'empire ottoman. Il y a aussi quelques établissements scientifiques, et aux environs d'importantes usines.

Allons aux pyramides ! Prenons, comme d'habitude, des petits baudets, et partons au galop, suivis de nos âniers. Pendant près d'une heure nous parcourons une belle route, mais remplie de poussière, qui nous conduit au vieux Caire. Ici, la tradition place une grotte où se réfugièrent Joseph, Marie et le divin Enfant pendant leur séjour en Égypte. Nous sommes au bord du Nil, cette île que vous voyez est l'île de Rhoda ; ce fût, dit-on, en ce lieu que Moïse, exposé sur le fleuve, fût recueilli dans son berceau par la fille de Pharaon. Traversons-le. Il a bien près de quatre cents mètres de largeur à cet endroit, ce ne seront pas les moyens de le passer qui nous manqueront, cent individus nous offrent leurs barques. Quel est le village qui se trouve en face sur la rive opposée ? c'est Gizeh ; il est construit en boue et très-sale. Nous voici dans un bois de palmiers, les pyramides élèvent au loin leur tête altière ; les souvenirs qu'elles rappellent me tiennent en extase, tous les âges, depuis le commencement du monde, défilent sous mes yeux. La campagne que je parcours est fertile, les laboureurs sont peu nombreux dans les champs, leur charrue est la même dont on devait se servir sous les Pharaons : c'est le peuple de l'immobilité. Le blé, dans les premiers jours de février, est déjà d'une belle venue, en certains endroits il atteint trois pieds de hauteur. Des Arabes nous accostent, ce sont ceux qui doivent nous faire atteindre la cime des Pyramides ; on ne peut se passer d'eux, une ordonnance de police les impose, leur salaire est fixé, mais par leurs supercheries ils savent obtenir souvent des visiteurs un peu faibles quatre fois plus que leur tarif. La tête du sphinx se montre au-dessus des sables, il semble garder les monuments éternels qui l'écrasent de leur masse. Les pensées les plus nobles viennent m'agiter. Je n'aperçois devant moi que des témoins de la bravoure de nos armées. Je crois lire sur chaque gradin les paroles historiques du grand empereur : « Soldats ! du haut de ces Pyramides, quarante siècles vous contemplent. » Je m'arrête immobile pour les examiner, un aigle prend son vol du haut de l'une d'elles et plane au-dessus de nos têtes : l'aigle fut l'emblème de notre gloire sur nos drapeaux victorieux ; l'Europe entière l'a vu sur nos étendards ; et depuis lors il y a repris sa place, prêt à se montrer aux ennemis de la patrie ; la victoire le suivra, j'ai cette confiance, car nos légions sont invincibles. Mon étonnement n'est pas grand en approchant de ces masses de pierre ; je croyais être plus fortement saisi, je me recueille avant de faire un pas de plus ; j'observe avec calme, et puis je me sens écrasé à la vue d'un travail si gigantesque.

Elles sont bâties sur une roche qui s'élève à trente mètres au-dessus de la plaine ; leur base est en partie ensevelie, sous les sables. Hérodote prétend que ce fut Chéops qui fit édifier la plus haute, qui porte son nom. On dit que les pyramides étaient des observatoires ; beaucoup de suppositions ont été faites à leur égard, on a été même jusqu'à écrire qu'elles avaient été construites pour opposer un obstacle aux sables du désert, et cela de nos jours. Quelle bonne illusion ! Hérodote ajoute que c'étaient uniquement des tombeaux réservés à l'inhumation des rois d'Égypte.

Elles étaient ou plutôt devaient être jadis revêtues d'une couche lisse qui en rendait l'ascension presque impossible, à en juger par ce qui reste de cet enduit à la cime de l'une d'elles.

Je m'avance... et prends mon élan, me voilà sur le premier gradin.. Deux Arabes me saisissent aussitôt chacun par un bras et m'en font escalader les assises, tandis qu'un troisième me pousse par les reins ; ils ont l'apparence de se donner beaucoup de mal, ils font les essoufflés, mais ils le prennent à l'aise, et j'en fais plus qu'ils ne m'aident à en faire, comme un bon novice... Je me repose plusieurs fois et sans trop de peine, mais couvert de sueur, *chose imprudente*, j'arrive au sommet. En posant le pied sur la plate-forme, qui a huit à dix mètres en carré, mes Arabes poussent un ouah! énergique.... Ivre de bonheur et de joie, je promène mes regards avec transport de tous côtés, mes yeux se tournent vers l'occident, où est la patrie absente. Je suis ici sur le point le plus élevé qui soit sorti de la main des hommes. Le Nil coule au milieu de la plaine; à quelques centaines de mètres de la pyramide de *Chéops*, où je me trouve, est celle de *Céphrennes*, puis celle de *Mycérinus*, puis celle de *Philista*, qui est la plus petite. On appelle ce groupe monumental les pyramides de *Gizeh*. Celle de Chéops a cent quarante-six mètres de hauteur. La chaîne libyque et le désert encadrent, d'un côté, sur toute la longueur, d'ici à Philæ, la riante vallée du Nil, tandis que sur la rive opposée, la chaîne du *Mokatam* nous montre ses rochers et ses carrières béantes.

Debout et muet de surprise en présence d'un panorama si admirable, je crois voir, dans la plaine d'*Embabeh*, nos vaillants soldats formés en carrés écraser de leurs feux de file et de leur artillerie les mamelucks aux brillants costumes, conduits par l'intrépide Mourad-Bey; l'ombre de Bonaparte m'apparaît; je crois distinguer Desaix, Kléber, Murat, Lannes. Je suis fier d'être Français,

je m'écrie en agitant mon chapeau : *Vive la France !* Mes
Arabes accroupis me regardent avec curiosité. Je grave
mon nom sur une pierre. Comme je n'avais pu trouver la
moindre place, j'efface le nom d'un autre pour y mettre
le mien : peut-être, à l'heure où j'écris, le mien a-t-il dis-
paru et un autre y a-t-il mis le sien ! C'est l'image de la
vie. Cela fait, je me vois entouré d'une douzaine de Bédouins qui m'offrent les uns du pain, les autres de l'eau ;
ceux-ci quelques antiquités, ceux-là je ne sais quoi... Ils
croient nous intimider en criant bien fort et en faisant
des menaces, dans le but d'obtenir de l'argent; nous fîmes
bonne contenance, ils n'eurent rien et ils se turent.

Je ne puis me décider à quitter ce lieu, je regarde toujours avec avidité de tous côtés, je me sens hors de moi.
A regret, je descends; sans le secours d'aucun de mes
guides, je bondis de rangée en rangée, et j'arrive presque
aussi vite que mes Arabes au bas de la pyramide, mais fatigué ; j'en fais le tour. Les dimensions en sont énormes,
immenses, elle a deux cent trente-huit mètres sur chaque
face, et je ne sais combien de millions de pieds cubes.
Je me suis laissé dire que les pyramides de Chéops et de
Céphrennes contiennent assez de pierres pour entourer la
France d'un mur de cinquante centimètres de hauteur sur
vingt-cinq centimètres de largeur ; ce calcul me paraît fa-
buleux et tout à fait incroyable. J'entre ensuite dans l'intérieur de celle d'où je descends, je courbe la tête, je

traverse un petit couloir à pentes rapides sur des pierres glissantes ; j'en gravis d'autres, deux Arabes me tiennent vigoureusement. Sans leur secours je ne pourrais me soutenir ; ils sont pieds nus et en chemise ; je circule à la lueur des bougies, et j'arrive, le corps brisé, à une chambre carrée toute de granit, placée au centre même de la pyramide, qui a douze mètres sur six mètres ; on y voit un grand sarcophage. Je quittai vite cet obscur réduit, où j'étais privé d'air. A peine engagé dans le sombre couloir, ma bougie s'éteint, je roule sur mes guides, ils roulent sur moi. Ont-ils soufflé eux-mêmes et exprès sur ma lumière ? je le crois. Ils profitent de l'obscurité pour chercher à me rançonner. Je leur refuse catégoriquement, ils comprennent vite qu'il n'y a rien à espérer. Mais mon pantalon est tout à fait hors de service, dans ma chute il s'est déchiré de haut en bas. Je revois le jour avec plaisir. Il a fallu des centaines de mille hommes pendant des années pour mener à bonne fin d'aussi colossales entreprises. Ces masses me représentent le despotisme d'un côté, et par suite l'esclavage de l'autre.

Le *Sphinx* est tout près de la pyramide de Chéops, il est taillé dans le roc. Sa physionomie est douce ; les uns veulent y voir le type de la race nubique, d'autres le portrait de quelque roi. En voilà une idée, par exemple ! celle-là eût été grandiose : faire ciseler une roche qui représente votre image, n'est pas à la portée de tout le monde ! Toujours est-il qu'après avoir bravé les siècles, il étonne par ses grandes proportions. Pour quelques paras un Arabe grimpe sur sa tête, il s'appuie pour y arriver sur les lèvres, le nez, les oreilles, et l'y voilà. Tout près du sphinx se trouvent des tombeaux, dont les pierres sont énormes. Si vous lisez la Bible, vous y verrez que le monde existe depuis bientôt six mille ans ; si vous écoutez quelques savants, ils vous diront que les pyramides ont plus de six mille ans d'existence ; mais comme mes croyances me disent de baisser la tête devant les vérités de ma religion, je me contente de supposer que les pyramides sont les monuments les plus anciens du monde ; et c'est quelque chose cependant que d'avoir pu les voir et les escalader, c'est une satisfaction que de pouvoir se dire : J'ai posé le pied sur des pierres qui ont bravé près de cinquante siècles, qui ont vu passer tant de générations inconnues, et qui ont été mises au premier rang des merveilles du monde ! Cette visite prend une journée ; il faut de nouveau rentrer au Caire, qui est à quinze ou vingt kilomètres d'ici ; la course n'est précisément pas très-fatiguante sur le moment, mais on ressent pendant une huitaine de jours les jambes un peu brisées par suite de l'ascension. Quelques personnes couchent dans l'intérieur de la pyramide de Chéops pour continuer le lendemain leurs courses vers les pyramides de Sakara ; je n'approuve nullement ce plan, il y a certain danger à dormir dans un pareil lieu, et on doit y être fort mal ; il faut faire suivre matelas et provisions : mieux vaut, d'après moi, se reposer au Caire et faire plus tard cette excursion. Ce fut ce que je fis, et j'engage tout voyageur à m'imiter. On traverse encore le Nil à Gizeh, on laisse à droite le groupe de pyramides dont je viens de parler, puis on s'enfonce dans les sables. On passe près des pyramides d'Abousir. Chemin faisant, le guide de M. Lemaître, qui était avec nous, voyant la bête que montait son maître ralentir le pas, lui applique un vigoureux coup de bâton, en accompagnant ce moyen de douceur des mots suivants, prononcés en patois languedocien : *Marchan ou marchan pas?* (marchons-nous ou ne marchons-nous pas?) Je me retourne, et m'adressant à lui : *Dan sès, bous?* (d'où êtes-vous?) lui dis-je. — De Pérols, près de Montpellier, me répondit-il. Nous étions du même département ; il s'appelait Olivier ; il y avait trente ans qu'il était en Égypte et qu'il était guide. Je lui serrai la main avec plaisir ; et cinq heures après notre départ du Caire, nous arrivâmes à une petite habitation construite en boue au milieu du désert...

Deux sphinx en gardent l'entrée ; c'était là qu'habitait M. Mariette, conservateur du Musée égyptien au Louvre. On reconnaît vite en lui l'homme de la science, simple de mise, affectueux et hospitalier ; il vivait, au milieu du désert, avec sa femme et ses deux charmantes petites filles. Nous vidons quelques flacons de bordeaux, nous faisons pétiller le moët, et puis nous allons rassasier nos yeux des merveilleuses découvertes qu'il vient de faire. Nous entrons au Sérapeum , par une espèce de caverne, sous les sables, et nous pénétrons dans des souterrains éclairés par des bougies. C'est féerique ; les voûtes en sont élevées! nous voyons de longues rangées de chambres où nous examinons des sarcophages ayant contenu les dépouilles des bœufs *Apis*, tous sont en granit, d'un seul bloc. Ils ont près de trois mètres de longueur, deux mètres de largeur et trois mètres de hauteur ; le couvercle, toujours d'un seul bloc, a un mètre d'élévation. Nous sommes saisis d'admiration à la vue de ces masses polies et brillantes, et nous ne cessons de demander au savant qui veut bien nous accompagner comment il a pu se faire que des pierres de cette dimension aient pu être transportées en ce lieu, avec d'autant plus de raison qu'il n'existe pas dans les environs des carrières de cette nature. Nous restons confondus quand nous apprenons que , suivant toute apparence, on les a fait descendre de la Nubie ! A une époque bien éloignée, ces tombeaux ont été violés, ils étaient vides quand on les a découverts. On se promène là-dedans, de corridor en corridor, avec le plus vif intérêt. M. Mariette se propose d'emporter un de ces tombeaux de granit rose en France ; les difficultés seront immenses, mais il saura les surmonter. Ces fouilles sont de la plus haute importance, elles serviront à compléter l'histoire de l'Égypte, et rendront comme non avenus certains livres sortis de la plume d'hommes éminents qui avaient pris pour point de départ une chronologie fausse. J'assistai à de nouvelles recherches, on découvrit sous mes yeux un tombeau ; le nom du pauvre diable dont on troublait le sommeil n'était plus un secret, M. Mariette le lut de suite, avec autant de facilité que l'eût fait Champollion.

Cet homme distingué voulut bien m'offrir un petit bâton et une statuette en plâtre, trouvés à côté de la momie d'une *dame*, qu'il nous assura avoir été inhumée il y avait deux mille six cents ans. Cette femme, qu'il supposait être une magicienne, et dont il me montra le crâne, en me faisant remarquer surtout la construction particulière de la mâchoire, avait eu la jambe cassée ; la manière dont elle fut raccommodée ne donne pas une grande idée de la science chirurgicale à cette époque. Le bâton qui était à côté d'elle avait dû lui servir d'appui ; usé du bout qui touchait la terre, il était poli et un peu usé aussi à la place de la main. Elle s'appelait Zénobie ; en vidant nos verres remplis de vins de France, nous refîmes sa vie ; nous la voyions parcourant les rues de la ville, boitant et grinçant des dents, suivie d'enfants qui l'injuriaient ; l'homme rit de tout, même de la mort. Partout, autour de moi, je ne vois que des ossements épars, des crânes, des momies, dont la science est venue troubler le repos : blanchis par les ardeurs du soleil, ils finiront par être calcinés, et s'envoleront dispersés par le vent. Telle est la destinée de l'homme, trop heureux seront ceux qui, placés dans un lieu moins célèbre, pourront à jamais reposer en paix ! Entre Sakara et Gizeh, dans cette plaine immense avec ses forêts de palmiers, s'étendait jadis Memphis ; ainsi, là où règne aujourd'hui le silence et la solitude, a vécu un peuple immense ; ainsi, là où nous sommes, se sont agités les hommes, le lieu que j'ai foulé a été témoin de la plus haute civilisation ; tout fait supposer que la lumière est venue d'Asie, rien ne le prouve. Bien des personnes croient que le génie civilisateur est descendu, au contraire, du centre de l'Afrique vers les rivages de la Méditerranée par le Nil. Je ne sais si beaucoup de voyageurs, qui se sont trouvés sur les lieux dont les ruines attestent l'antique existence, ont ressenti des vibrations de l'âme d'une nature particulière. Pour moi, je ne puis poser le pied sur un sol mémorable sans que le cœur me batte, et sans que j'éprouve des sentiments que je ne puis rendre. Ici, au milieu du désert, entouré d'amis et de compatriotes, je m'éloignais quelquefois d'eux pour m'identifier avec les siècles passés ! Quatre mille ans, mais il y a de quoi être écrasé par ce chiffre ! nous voilà presque à la source du monde.

La magnifique Thèbes aux cent portes, ancienne capitale de l'Égypte, a précédé Memphis, mais à la longue celle-ci devint le centre du commerce et des beaux-arts, et éclipsa sa rivale. Elle fut conquise par Cambyse, roi de Perse, cinq cent vingt-cinq ans avant Jésus-Christ. De cette époque date la décadence de l'Égypte; ce beau pays devint la proie d'Alexandre le Grand, et plus tard, lors de la conquête des Arabes, il ne fut plus question de ses magnificences, les conquérants avaient rasé les plus beaux édifices de Memphis.

Nous serrons affectueusement la main de M. Mariette, et nous partons avec peine après avoir mis notre nom dans l'intérieur du tombeau des Hollandais. Les pyramides de Sakara, dont je n'ai rien dit, sont petites comparativement à celles de Gizeh, et en mauvais état, il est difficile d'y monter; celles de Dashour sont à une ou deux heures de marche des premières; nous n'avons pas la curiosité d'aller les voir. On nous assure que nous ne serions pas dédommagés de nos fatigues. Nous allons faire un grand détour pour admirer la gigantesque statue de Sésostris, que nous trouvons la face contre terre dans une mare; elle a au moins douze mètres de longueur, le profil de la figure est plein de finesse. Nous traversâmes le Nil, non loin de Métrahany, nous parcourûmes une campagne délicieuse, nous circulâmes au milieu d'immenses bois de palmiers; les minarets de la citadelle du Caire nous apparaissent au loin; plus nous avançons, plus ils semblent s'éloigner, nos montures commencent à être fatiguées. La nuit arrive sans transition ; mon jeune compagnon se sépare de nous, je me retourne pour l'appeler à haute voix, il ne me répond pas ; je crie de toute la force de mes poumons, ma voix se perd dans le désert. Je suppose qu'il est resté en arrière avec notre guide, et je sais que je peux compter sur lui. Nous avançons, la nuit devient plus noire, notre bonne étoile nous pousse ; arrivés dans la ville des mamelucks, nous allons nous heurter contre des tombeaux. Malheur à nous si nous tombons au milieu de la multitude immonde de chiens qui se trouvent près de l'aqueduc ! ils ont dû nous sentir, leurs aboiements nous font frissonner. Nous sommes ici dans un lieu des plus dangereux ; ne pouvant nous adresser à personne pour nous faire indiquer la route à suivre, nous étions à la merci du premier scélérat qui eût voulu nous assassiner ; nous n'avions ni armes ni bâtons. Heureusement nous avions visité ces lieux la veille. Nous nous guidâmes si bien, M. Lemaître et moi, au milieu des ténèbres, que nous arrivâmes en droite ligne à la porte qui est en dessous de la citadelle. Par bonheur elle n'était pas fermée. Après bien des détours, nous mîmes pied à terre à l'hôtel d'Orient. Mon ami n'était pas arrivé. Mon anxiété ne peut se dépeindre, on le comprendra ; quelques minutes après, je l'aperçois, il entrait en riant ; que l'on juge de ma joie ! Pour faire cette course, il faut partir de très-grand matin, ne pas s'oublier en route et encore moins à table. Je place ici cette aventure pour que mes lecteurs en profitent.

Deux heures suffisent pour aller du Caire à Héliopolis; la campagne est belle; on arrive au petit village de Matarieh, où l'on va contempler le sycomore sous l'ombrage duquel se reposèrent, dit-on, Marie, Joseph et le divin Enfant, lors de leur fuite en Égypte; il a sept mètres de circonférence. Son tronc et ses branches sont criblés de noms; je détachai quelques-unes de ses feuilles, je coupai de son écorce, que j'emportai. A ses pieds coule un petit ruisseau où la Vierge lava, dit-on, les langes de son fils. Cet arbre se trouve au milieu d'un jardin dont les portes sont ouvertes moyennant une légère gratification. Tout près d'ici on voit un obélisque debout, que l'on vante comme le plus intéressant du pays; il est bien conservé. Un savant nous a dit qu'on pourrait presque établir l'histoire d'Égypte d'après les hiéroglyphes qui sont gravés sur ses quatre faces. Nullement au courant de ce genre de lettres, qui sont des énigmes pour moi comme pour tant d'autres, je me contentai de m'asseoir pour l'examiner, en savourant les oranges que je cueillis au milieu du jardin où il s'élève. J'allai ensuite à quelques pas de là, où commence le désert, contempler la plaine où Kléber, le 20 mars 1800, avec dix mille Français, battit l'armée des mamelucks, forte de soixante-dix mille combattants. Mais savez-vous qu'il y a de quoi être fier d'appartenir à la France ? Nos pères ont semé la victoire partout ! Ici un de mes oncles, vaillant soldat, puisqu'il fut fait chef de bataillon sur le champ de bataille, en Égypte, à Mansourah ; et mis à l'ordre du jour de l'armée pour sa belle conduite (ordre du jour signé de la main de Kléber, que nous avons et qui est une page honorable pour la famille), a dignement soutenu l'honneur de la France : il n'avait alors que vingt-quatre ans. Après l'évacuation de l'Égypte par nos troupes, il tomba malade. S'il eût été assez heureux pour suivre ses compagnons d'armes, et que les balles et les boulets l'eussent respecté, qui nous dit qu'il n'eût pas joué un très-grand rôle ? C'était l'époque des grandes fortunes militaires, et ceux qui le connaissaient lui présageaient le plus grand avenir. Je restai silencieux, pensant à ce frère de mon père dont nous avons l'épée ; peut-être le lieu où je me trouvais, l'avait-il foulé lui-même ? Peut-être avait-il donné un souvenir à sa famille absente, comme je pensais à la mienne en ce moment ; peut-être, l'œil humide avant le choc des deux armées, avait-il tourné ses pensées vers sa mère chérie comme je les tournais moi-même, et, plus heureux que moi, ce pieux devoir rempli, l'épée à la main, s'était-il précipité avec sa fougue dans les rangs ennemis. Il vit encore, j'irai lui parler d'Héliopolis, il se rappellera ses jeunes années, et un rayon de bonheur passera sur ses cheveux blanchis par l'âge : il est peut-être un des rares survivants de cette immense époque.

Héliopolis, ou ville du soleil, était une cité importante dans l'antiquité ; la fable du phénix renaissant de ses cendres a sa place ici. Hérodote en parle avec beaucoup de gravité. Dévastée par Cambyse de fond en comble, elle fut reconstruite, et plus tard les Romains la saccagèrent encore : ce fut son coup de mort. Revenons au Caire.

Les tombeaux des califes sont aux portes de la ville, au milieu des sables. On examinera avec intérêt la mosquée du sultan Barcouq ; ses deux minarets sont très-élégants ; il règne à l'intérieur le plus grand abandon, elle donne bien l'idée de cette religion de Mahomet, qui ne produit que des ruines. En continuant à s'avancer dans le désert, après une marche de deux heures, on se trouve au milieu de la forêt pétrifiée ; on voit quelques restes de troncs semblables à des pierres. Je n'éprouvai là qu'un médiocre intérêt.

Une belle allée de sycomores, de quatre à cinq kilomètres de longueur, conduit à Schoubra, lieu de plaisance appartenant aujourd'hui au prince Alim, fils de Méhémet-Ali. C'est un très-beau jardin, planté d'orangers et de citronniers ; on y voit un petit kiosque remarquable par ses décors et son ameublement. Au milieu du palais, on a établi une vaste pièce d'eau avec un petit îlot en marbre blanc ; c'est charmant ; et quand vous sortirez de ce *petit* Versailles, si le temps est vraiment beau, attendez-

que le soleil doré soit au moment de se coucher derrière
les pyramides de Gizeh, que vous distinguez aisément,
et qui ressemblent à des montagnes aiguës, vous serez
forcé d'avouer que c'est un des grands spectacles auxquels
vous ayez assisté. Ne vous hâtez pas de rentrer au Caire,
ralentissez l'allure de votre bête, vous trouverez ici
l'Orient dans toute sa force. Le Nil est à votre droite...
Vous verrez l'Arabe, sale et déguenillé, paisiblement assis
sur un petit âne, les jambes pendantes et nues; les cha-
meliers conduisant de longues files de chameaux, dont la
marche, lente et saccadée, fait balancer le Bédouin qui
est assis sur l'un d'eux comme les vagues font balancer la
frêle nacelle; puis quantité de petites charrettes à l'essieu qui crie, des femmes au menton tatoué et aux yeux
teints avec du henné, plus sales que les hommes, et qui
portent sur leurs épaules leurs jeunes enfants, tandis que
des deux côtés de la route des buffles et quelquefois des
chameaux font tourner des puits à roue, dont le bruit
criard assourdit. Le soleil éclaire encore de ses feux
éclatants tout ce tourbillon. Cette foule gesticule; au milieu d'elle passent les Européens, délicatement bercés dans
de brillantes voitures, conduites par des nègres et
précédées de saïs; des jeunes gens à belle mise font
caracoler leurs chevaux arabes à la portière, causant avec
quelque dame française ou anglaise, dont le visage gracieux se montre à découvert et contraste avec cette ha-

bitude enracinée, provenant de la jalousie de leurs tyrans, qu'ont les femmes du pays de se couvrir le leur.

On m'avait beaucoup parlé des jardins d'Ibrahim-Pacha à l'île de Rhoda; je fus les visiter, je les trouvai dans un état complet d'abandon.

On voit au Caire de très-belles fontaines en marbre blanc où l'on boit en aspirant l'eau par de tous petits morceaux de cuivre, comme l'enfant suce le lait du sein de sa mère; les indigènes seuls en usent; j'aurais craint de prendre quelque mal en y appliquant mes lèvres. A côté de beaucoup d'autres se trouvent des écuelles en cuivre, attachées avec des chaînes, et qu'un gardien a toujours le soin de remplir quand elles sont vides. Plusieurs d'entre elles sont d'une richesse excessive d'ornementation; il en existe surtout deux sur la route du vieux Caire qui sont très-remarquables; c'est une des belles choses du pays. Il y a au Caire un théâtre italien où l'on joue *Polichinelle* et *Geneviève de Brabant*, et *autres comédies* de ce genre. C'est à y mourir d'ennui.

L'Esbekieh est une promenade bien fréquentée; au soleil couchant les flâneurs y sont nombreux, et parmi eux les Européens. Il y a des cafés en plein vent où l'on consomme beaucoup d'*aqua vitæ* et de limonade.

Il fait au Caire une chaleur excessive, même en hiver; on vante son climat, je suis loin de l'aimer. Que pensez-vous d'une ville où il fait frais le matin, très-chaud dans la journée et très-frais dans la soirée? Il faut être constamment sur ses gardes, et bien se vêtir le matin et le soir, sans trop s'alléger dans le jour ; il faut porter sans cesse la flanelle. Le moindre relâchement dans votre hygiène peut vous occasionner des maladies terribles. Savez-vous qu'une transpiration arrêtée cause la dyssenterie, les ophthalmies, les maladies de foie? Savez-vous que le soleil, dont les rayons brûlants font monter le thermomètre en hiver jusqu'à quarante-cinq degrés, ce que j'ai pu constater aux Pyramides, peut vous appliquer un de ses coups terribles qui vous emportent en vingt-quatre heures, si vous n'avez le soin de vous prémunir contre ses ardeurs? Savez-vous qu'un chapeau ordinaire ne suffit pas, et qu'il faut cuire jusqu'au bout des pieds à la tête pour se préserver de ses feux? Il faut adopter le tarbouch, ou bonnet rouge ; pour vous rafraîchir, on vous dira de mettre en dessous du tarbouch un takié, petit bonnet blanc en coton, voilà pour deux couleurs ; puis on ajoutera qu'il faut un kouffié, espèce de châle, pour vous préserver encore la tête et la figure ; alors regardez-vous dans une glace, et vous rirez de vous-même, car vous ne vous reconnaîtrez plus. Gare à vous si au bout de quelques jours vous voulez jeter cette coiffure aux orties ! vous aurez aussitôt un de ces rhumes de cerveau, ou de poitrine qui vous forceront à garder votre chambre.

Heureusement, l'eau du Nil est excellente, et ne fait pas mal, car on ne cesserait jamais de boire.

Le kamsiin est le simoun de l'Afrique, le siroco de l'Algérie, le mistral de la Provence, mais c'est l'épouvantement au Caire. A son approche, le ciel devient semblable à du plomb; l'atmosphère, lourde et chargée, se fait accablante ; le vent du désert souffle impétueux, emportant avec lui des nuées de sable brûlant qui vous abîme. L'air est une fournaise, chacun reste chez soi. On appelle ce vent kamsiin, qui veut dire, en arabe, cinquante, parce qu'il souffle trois jours consécutifs pendant l'espace de cinquante jours. Je l'ai enduré deux fois au Caire, et j'en ai gardé un profond mais triste souvenir. Je suis l'ennemi juré du climat de l'Égypte plus encore que de ses misères ; je n'ai rien dit de la peste, qui est une maladie endémique ; ce mot clot toute discussion sur cet heureux pays, que je ne voudrais pas habiter pour tout l'or que possède le vice-roi.

Il faut que je place ici une anecdote qui pourra bien amuser certains lecteurs. On m'avait dit qu'aller au Caire sans monter dans la haute Égypte c'était aller à Rome sans voir la basilique de Saint-Pierre. Je me pris d'un bel enthousiasme pour ce voyage, et je me mis en mesure. Je commençai à me rendre à Boulac pour faire choix d'une barque. Peu à peu mon ardeur s'apaisa. Il fallut aller au consulat passer avec M. Fargali, maître d'équipage et citoyen Égyptien, un contrat en arabe et en français, par lequel notre homme au large turban s'engageait à nous donner dix hommes d'équipage qui devaient nous servir de matelots jusqu'à la première cataracte. Mon compagnon était au bonheur de ce voyage, ni plus ni moins de 1,200 kilomètres sur le Nil, comme on dirait de Perpignan à Dunkerque. Petit à petit arrivèrent les réflexions, et avec les réflexions les inconvénients de la route. Avant d'écrire mon nom au bas du contrat, je fis part de mon hésitation à mon ami, il triompha ; le voyant décidé et voulant lui être agréable, je signai. Après avoir signé, je donnai mes belles guinées et mon amiral me serra la main. Maître Fargali sortit d'une bourse de cuir un petit cachet où était gravé son nom et plongea l'index de sa main droite dans l'encrier du consulat, humecta de noir son chiffre et l'appliqua sur le contrat : c'est la manière d'opérer en Égypte. Voilà les soucis qui commencent, et je n'aime pas les soucis ; il fallut penser aux provisions pour deux mois, je m'abouchai avec un fournisseur de comestibles ; il fallut traiter de nouveau avec le drogman, qui me conduisit un cuisinier ; celui-ci me demanda de suite plusieurs napoléons d'or pour les provisions et les premiers préparatifs de cuisine. En un instant, plus de 600 francs avaient passé de ma poche dans les mains de tout ce monde-là ! Nous devions partir trois jours après ; que d'hésitations

dans cet intervalle! Quand je vins à réfléchir que j'allais
remonter le Nil, ayant à traverser des pays peuplés
par des gens dont j'ignorais complétement le langage,
tout à fait à la disposition d'une douzaine d'enfants
d'Ismaël, que j'aurais à supporter des chaleurs tropi-
cales qui me forceraient à rester la journée entière dans
ma barque sans pouvoir la quitter ni le matin ni le soir,
à cause de la fraîcheur des nuits sur ce fleuve; quand
je vins à me dire que déjà loin de mes foyers de
près de 3,000 kilomètres, j'allais m'en éloigner encore
de 1,200 de plus, quand je vins à penser au kamsiin
qui commençait au mois de mars, et qu'on m'eut dit
que les vents contraires pouvaient me forcer à attendre
huit jours à la même place ; lorsqu'on m'eut parlé de
toutes les précautions à prendre contre les insectes,
les scorpions, les gens du pays, je me dis que je ne
partirais pas. La responsabilité que j'avais presque ac-
ceptée, ou, du moins, qui pesait sur moi, en m'étant
chargé de mon jeune compagnon, me laissa inébran-
lable. Les uns nous engageaient à persévérer ; d'autres,
au contraire, approuvaient mon idée d'abandonner nos
projets. Nous nous rendîmes à bord, tous nos bagages y
avaient été transportés, le drapeau tricolore flottait à
l'arrière du bateau. Nous y trouvâmes M. Fargali et
ses matelots, notre Vatel à l'œuvre, le dessus de
notre chambre rempli de pain appartenant à l'équipage,

une cage attachée au mât et remplie de volailles, enfin notre drogman avec un très-beau sabre de mameluck pour imposer à nos gens. Cet appareil me disconvient, dis-je à mon ami... cloués sur ces planches pour deux mois? Si nous ne partions pas ? qu'en dis-tu ? — Comme vous voudrez... Me promets-tu de ne jamais me reprocher de t'avoir fait manquer ce voyage ? — Je vous le promets. — Ça y est. Nous revînmes au Caire sans hésitation. Notre détermination causa des rires fous à l'hôtel d'Orient. Je me félicite de ce parti, car ce voyage nous eût empêché de voir la Syrie et la Turquie en temps opportun, et eût retardé notre rentrée de deux mois. Je n'y pense jamais sans rire, et j'y pense souvent. Nos 600 francs furent perdus. Quelques jours après, je fus engagé à dîner chez un jeune homme auquel nous avions été recommandés. Il voulut bien faire arriver des almées, qui dansèrent une partie de la nuit devant nous. Je n'ai jamais éprouvé pareille déception ; je m'attendais à voir des femmes d'Orient aux beaux yeux, je ne vis là que des êtres dégradés, qui ne m'inspirèrent que du dégoût.

Combien sont trompeuses les pompeuses descriptions de certains écrivains, qui n'ont jamais vu le Caire que dans leur imagination, et qui n'en connaissent les mœurs que dans des livres écrits par des gens qui ne les connaissent pas du tout ! Il faut avoir vu ce peuple de près pour se faire une idée exacte de ses penchants ; lâche et fainéant, il baise la main qui le frappe. On m'a cependant assuré que quelques-uns d'entre eux étaient susceptibles d'attachement. La misère l'a rendu insensible; de là les vexations, qu'il supporte en courbant la tête. Il ne paye les impôts, qui l'écrasent, qu'après avoir été mis sous le bâton. Les plus aisés affectent des airs de pauvreté, cachent leur or pour ne pas être dépouillés, et, à force d'astuce, ils deviennent vils. On m'a raconté des choses vraiment incroyables, mais jamais peut-être nulle oreille humaine n'a entendu des horreurs comme celles que je vais citer, exercées par un homme dont j'ai vu le tombeau dans la ville morte.

Le sultan envoya de Constantinople un Turc chargé d'inspecter les finances du vice-roi, — c'est-ce qu'on appelle un Defterdard, — il y a de cela une trentaine d'années; il s'établit dans le pays, et fut nommé gouverneur du Sennaar. Ce monstre fut appelé *Defterdard-Bey;* il était féroce, mais d'une férocité telle, qu'il fit ferrer un de ses saïs parce que celui-ci avait mal fait ferrer un de ses chevaux.

Une dispute s'éleva un jour dans son palais, il en demanda la cause; on lui répondit qu'une femme arabe réclamait d'un de ses gens quelques paras pour du lait qu'elle venait de lui vendre, et que le domestique refusait de payer, disant qu'il ne lui était rien dû. Prompt et expéditif dans sa cruelle justice, il fait appeler la femme, et lui demande si elle persiste dans sa réclamation, et s'il est vrai que le domestique ait bu le lait qu'elle lui a vendu. Sur la réponse affirmative de cette dernière, il fait arriver devant lui le pauvre diable, qui persiste dans son refus. Alors il ordonne qu'on lui ouvre le corps pour qu'on puisse s'assurer du fait, ajoutant que si la femme n'a pas dit vrai, elle sera mise à mort à son tour. Celle-ci prie le maître de pardonner à son débiteur. « Eh bien, soit, dit-il, mais tu passeras la première. » On ouvre l'Arabe, et on trouve le lait dans son estomac. En voilà de la justice qui révolte et qui épouvante !

Je ne parlerai pas des hommes coupés en morceaux, de ceux qu'il faisait égorger par distraction, de ceux encore qu'il faisait jeter dans le feu ou précipiter dans le Nil; les crocodiles étaient devenus si friands de chair humaine dans cette partie de l'Égypte habitée par ce garnement, que personne ne pouvait se baigner dans le fleuve sans craindre d'être dévoré. La justice de Dieu se lassa : on lui servit un beau jour une magnifique pipe empoisonnée; puis il mourut, au grand bonheur de ceux qu'il administrait. Nos assassins de 93 et nos égorgeurs auraient trouvé là un fameux adepte. Son nom est en exécration, et on n'en parle que pour le maudire.

Avant de quitter le Caire, on doit faire une promenade au désert sur la route de Suez. Le chemin a au moins 15 mètres de largeur; le sable est enlevé et mis en tas sur les côtés, on peut très-facilement circuler en voiture. Je suis allé ainsi jusqu'à la deuxième station ; on n'a pas besoin de pousser plus loin.

J'avais éprouvé tant de plaisir dans ma première excursion aux pyramides, que je voulus y retourner. Je retrouvai les mêmes Arabes que la première fois. Je me laissai hisser jusqu'à la cime, et je crois avoir éprouvé plus de bonheur encore à la deuxième ascension qu'à la première.

Les palais des grands personnages du Caire inspirent l'ennui et la tristesse avec leurs fenêtres grillées. Je n'aime décidément pas le genre d'architecture de ce pays.

Le Nil prend sa source on ne sait trop où, et on cherche à le savoir depuis les temps les plus reculés. Il est convenu de dire que c'est en Éthiopie, dans les montagnes de la Lune, qui, à ce qui paraît, n'existent pas du tout, et dont le nom doit venir de quelque *facétieux* voyageur. Chaque année, ses eaux s'élèvent vers le milieu de juin, augmentent toujours jusqu'à la mi-septembre, et commencent à baisser dans les premiers jours de novembre. Pour que l'inondation soit bienfaisante, il faut qu'elle atteigne dix mètres ; là où l'eau n'arrive pas règne le désert. Il est souvent difficile de se rendre compte de quel côté coule le fleuve ; le pays est si plat, que sur une longueur de 200 kilomètres, du Caire à la mer, la pente n'est que de 14 mètres.

Les crocodiles ne se montrent que dans la haute Égypte; je n'en ai pas vu un seul vivant.

Il ne pleut presque jamais au Caire; peut-être sept à huit fois par an, et quelques heures seulement, et encore depuis qu'on a fait des plantations nombreuses autour de la ville. Le tonnerre s'y fait très-rarement entendre.

Avant de dire adieu au Caire, une petite anecdote et une réception chez des indigènes des plus considérables du pays trouveront leur place ici.

Je commence par l'anecdote. Un derviche qui revenait de la Mecque, et qu'on nous avait fait connaître, vint nous chercher un jour à l'hôtel pour nous emmener à un bal public; c'était un homme à belles manières et fort gai. Nous pénétrons sous son égide dans une espèce de petite maison, aux abords peu rassurants. Le personnel de cette réunion me parut suspect, et à la mine de tous ces gens-là j'eusse parié qu'il y avait plus de stylets que de porte-monnaies garnis cachés sous leurs paletots boutonnés. Je commençai aussitôt, et sans donner le moindre éveil, à mettre dans la poche ma chaîne, mes breloques et ma montre. J'enfonçai mon mouchoir, et je me boutonnai à mon tour... Les danses commencèrent de suite, et mes observations avec elles. Il y avait là un mélange de mauvais aloi. Quant aux hommes, les habits râpés jusqu'à la corde dominaient, et les dames ne se faisaient pas prier pour accepter un verre d'eau-de-vie. Les gants étaient rares sur les mains des deux sexes. Je parlai aussitôt de départ. En ce moment, notre honorable mentor fit signe à l'orchestre de s'arrêter... Les archets restèrent en suspens, la clarinette cessa de souffler, le cornet à piston ne se fit plus entendre... alors il nous regarda d'un air satisfait qui signifiait : Eh bien! vous voyez qui je suis et comme on m'écoute?... Je le considérai longuement ; — Une cachucha! s'écria-t-il. Et voilà les musiciens commençant à jouer la danse favorite des Espagnols, et lui à se mettre à danser en présence de ce public, qui était à le considérer. Il ambitionnait nos félicitations : — Mais bravo! m'écriai-je. Et il redoubla ses contorsions. Nous eûmes la faiblesse d'applaudir, pour son malheur, car ses voltiges devinrent fantastiques ; il faillit être l'objet d'une ovation quand il eut fini. Il avait certains talents chorégraphiques, et il tenait à les faire valoir. A part cette passion effrénée pour l'art de Vestris, il était plein de verve, d'entrain (il nous en avait donné des preuves), et très-partisan des Français.

Maintenant, à la reception. Nous avions vu à Marseille une de nos connaissances d'Alexandrie qui allait à Paris, accompagner un personnage du Caire, dont le voyage avait pour but de rentrer dans des sommes importantes avancées par sa famille à Bonaparte et à Kléber lors de la conquête de l'Égypte. Cet honorable indigène nous remit une lettre pour son père, écrite en arabe, et plusieurs autres pour quelques-uns de ses amis de la haute Égypte, dans le cas où nous ferions ce voyage, une entre autres pour le gouverneur de Siout.

Nous nous empressâmes dès notre arrivée de remplir les promesses faites d'aller les remettre nous-mêmes, et nous fûmes engagés à une soirée dans cette maison : nous acceptâmes. Notre drogman devait nous accompagner pour nous servir d'interprète. Je lui dis de se faire beau pour cette circonstance, et de nous faire préparer des ânes de la plus belle espèce, coquettement harnachés. Au jour indiqué, nous le voyons paraître; il portait des chaussures vernies, des bas blancs, des petites guêtres noires se terminant sur le coude-pied en forme de nageoires, une large culotte marron, une veste ronde de même couleur avec passementeries, un gilet noir à petits boutons dorés, un tarbouch d'un rouge irréprochable, avec un gland en soie bleue, d'une longueur de queue de comète; le liséré blanc de son takié défiait la critique ; il s'était ganté de frais, une longue chaîne en or complétait ce beau costume. Je crus un moment qu'il s'était fait cirer la figure, tant elle était polie, brillante et d'un noir d'ébène. Ses deux rangées de dents, semblables à des perles, rivalisaient d'éclat avec les touches d'un piano de Pleyel; ses yeux pétillaient, l'intelligence débordait de cette tête crépue.—Tu es admirable, Mahmoud, lui dis-je, tu es superbe... Et il était là, devant nous, à écouter nos félicitations avec bonheur... Qui t'a si bien arrangé? — Ma femme... nous répondit-il d'une voix harmonieuse. — Ah !... ah! tu es marié? — Oh! oui. — As-tu des enfants? — J'en ai deux. — Tant mieux pour toi, c'est un grand bonheur. — Sont-ils bien noirs? — Certainement.

— Es-tu heureux en ménage? — Mais, oui, monsieur. — Et ta femme est-elle jolie? — Très-jolie, répondit-il encore en baissant les yeux. — Mais sais-tu qu'elle doit être fière de te posséder? Je suis assuré qu'avant de la quitter tu l'as embrassée, et qu'elle t'a recommandé de ne pas rentrer trop tard. — Elle a fait comme vous le dites. — Tu nous la feras connaître? — Oh! non... oh! non... — Et pourquoi? — Parce que, parce que... — Parce que tu es jaloux, n'est-ce pas? — Un peu! un peu! — Mais tu es aussi un brave garçon et un guide intelligent... Nous partîmes, il allait devant, fier comme un sultan; nous venions derrière, costumés de noir avec notre habit étriqué. Nos âniers nous suivaient, criant à tue-tête, en arabe, des *scmalack* et des *jeminack*, c'est-à-dire à droite et à gauche, pour faire écarter les passants; nous allions au galop. Nous traversâmes le Caire dans toute sa longueur; après des détours sans nombre au milieu de ruelles inextricables, nous arrivâmes... Les gens de la maison nous attendaient à la porte. Nous trouvâmes au haut de l'escalier les membres de la famille portant leurs habits de fête tout en soie, et coiffés du large turban. Le chef, ressemblait à Abraham avec sa longue barbe blanche. Nous fûmes introduits dans un salon rouge qui donnait sur un jardin ; au milieu était un petit guéridon sur lequel figuraient deux petites burettes remplies de liquide de couleur, et des artichauts au piment, dans une soucoupe. On me fit asseoir comme *ancien* au coin du divan ; mon camarade était à ma droite, Mahmoud se tenait debout ; toute la famille était là. On nous apporta des pipes, et un de ces messieurs nous servit lui-même, dans un riche plateau, des rafraîchissements exquis, puis il vint à nous, tenant à la main une serviette, brodée en or en bosse, pour essuyer nos lèvres. Je lui fis dire combien nous étions flattés d'une réception si cordiale ; nous échangeâmes bien des compliments, et nous quittâmes cette respectable maison, enchantés de cette bonne hospitalité ; nous remîmes le pied sur l'étrier. Mahmoud allait plus vite qu'au départ, tant il lui tardait d'aller s'assurer si on ne lui avait pas enlevé madame.

Je quittai le Caire après y avoir passé vingt jours ; des amis de fraîche date vinrent nous accompagner jusqu'à Boulac ; la vapeur, de ses ailes de feu, nous emportait, et les mouchoirs s'agitaient toujours de part et d'autre ; puis nous ne vîmes plus rien, mais leur bon accueil restera gravé dans nos cœurs, et nous nous rappellerons les jours heureux passés avec eux. Une heure après, nous apercevons un immense pont à soixante-deux arches, jeté sur la branche de Rosette, et un autre, de soixante-douze arches, jeté sur le côté de Damiette : c'est le barrage du Nil. Ce travail est admirable et produit le plus bel effet vu du bateau. Pour rompre l'uniformité de la plate-forme, on a construit de distance en distance des tourelles qui font plaisir à l'œil. Cet ouvrage gigantesque a été exécuté en peu de temps, car ici on ordonne, et les bras ne sont pas rares. On a compté quinze mille ouvriers par jour à l'œuvre. C'est dans le but d'élever les eaux du Nil et d'arroser le Delta qu'a été fait ce barrage.

On a ménagé à l'une des extrémités, sur la branche de Rosette, une large écluse pour donner passage aux bateaux. Le grand travail fut d'y pénétrer, et le plus difficile d'y manœuvrer. Le Nil se précipite là avec une effrayante rapidité, d'autant plus effrayante ce jour-là, qu'il faisait beaucoup de vent, et que, par les grands vents, le fleuve ressemble à une mer agitée. Des centaines d'Arabes saisirent des cordes, et, au milieu de cris et de gesticulations fantastiques, ils mirent une heure à nous faire prendre le fil de l'eau. Tout le monde commandait à bord, excepté le capitaine. Je crois que si l'envie de jouer à l'amiral me fût venue, j'eusse été écouté; mais je préférais me tenir prêt à me jeter à la nage à tout événement, car ces marins d'eau douce n'avaient pas ma confiance. Le passage du pont Saint-Esprit est au moins aussi dangereux, mais une main vigoureuse s'empare du gouvernail, la vapeur redouble de vitesse, le Rhône impétueux est vaincu, et l'arche franchie aussi rapidement que la pensée, tandis que le bateau effleure presque de ses deux tambours les culées du pont. Messieurs les Égyptiens ne m'ont pas paru bien forts pour ce genre de manœuvres sur l'eau. Nous atteignîmes Atfié au milieu de la nuit; le bruit, le tumulte, les cris recommencèrent; nous prîmes le canal Mahmoudié, et de bonne heure, le matin, nous arrivions à Alexandrie.

M. Sabatier, consul général de France en Égypte, représente la patrie d'une manière digne et ferme; par son caractère loyal et énergique, il s'est attiré la sympathie de ses nationaux; il accueille les Français avec bienveillance, et dans ses mains habiles notre drapeau est respecté.

Il se fait à Alexandrie un grand commerce de grains et de coton.

Nous étions porteurs de lettres de recommandation du ministre de la marine, du ministre des affaires étrangères et du directeur des messageries impériales, elles nous furent de la plus grande utilité et contribuèrent beaucoup à l'agrément de notre voyage.

Il faut, avant de quitter la France, avoir soin de se munir aussi de bonnes lettres de crédit; *ceci est de rigueur*, sans oublier d'emporter avec soi, au départ, deux ou trois mille francs en or, car le taux du change est très-cher dans le pays. On ne doit pas non plus se mettre en route, si l'on veut remonter dans la haute Égypte, sans faire suivre un fusil et des pistolets; ces armes sont indispensables. On aura le soin de se faire délivrer, à Alexandrie, un laissez-passer; faute de cette précaution, on ne vous laisserait pas entrer dans la ville ni en sortir avec une arme à feu.

Il est dans les mœurs du pays d'offrir la pipe à tout visiteur; on remercie le maître de la maison, avant de commencer, en portant la main droite à la bouche et de là au front; c'est le salut d'usage.

A cause des variations de la température, il faut prendre un paletot de drap, *toujours* son manteau. J'ajouterai même un chapeau de feutre à larges bords, et des gilets de flanelle.

Les livres sterling sont préférées aux napoléons; elles valaient, lors de notre passage, 100 ou 102 piastres; la piastre représentait donc, à peu de chose près, 25 centimes. Il faut 8 pièces de 5 paras pour une piastre, ce qui équivaut à 5 centimes le para.

J'engage tout voyageur à respecter les mœurs et les habitudes locales, et, surtout, à n'entrer nulle part sans précautions. Il a failli m'arriver malheur à Alexandrie, où les indigènes sont plus méchants qu'au Caire, en posant le pied dans un lieu où j'entendais chanter : c'était une mosquée. Je vois d'ici *le bedeau*, borgne et boiteux, suivi *sans doute des Suisses*, tous avec des bâtons levés prêts à me frapper ; j'opérai ma retraite à reculons, en me garantissant avec ma petite canne. Quand je fus sur la porte, pour ne pas avoir à faire aux musulmans de la rue, mes jarrets firent le reste. On n'y regarde pas de si près quand il s'agit de chiens de chrétiens.

A ce propos, je dirai que si Mahomet est en paradis, doute que je me garderais bien d'émettre devant un musulman, il n'intercédera pas en ma faveur pour m'y faire entrer, car je ne suis pas son partisan, on l'a déjà vu. Né à la Mecque en 570, il mourut à Médine en 632. Il était brave et guerrier ; on le prit pour un prophète ; il fut persécuté, et se fit le fondateur d'une religion nouvelle où vinrent se fondre plusieurs sectes. Il commanda l'abstinence ainsi que l'aumône ; il parla d'une autre vie après la mort ; la fatalité fut admise par lui ; il prêcha le sensualisme, à l'opposé de la religion du Christ, qui recommande le renoncement de soi-même et l'immolation de la chair. On sait que tout musulman doit faire un pèlerinage, une fois dans sa vie, à la Mecque.

Les caravanes qui se rendent au tombeau sacré sont très-nombreuses. Grand nombre de ceux qui quittent leurs foyers n'y reviennent pas ; ils meurent de faim, de maladie, ou sont tués par les Arabes nomades et pillards. Mais ce qu'on ne sait pas, c'est que les pieux pèlerins d'Égypte qui tiennent à accomplir ce voyage se rendent, avant le départ au Caire, sur la place qui est au-dessous de la citadelle, et que, là, les plus fanatiques se couchent à plat ventre contre terre, les uns contre les autres, et que le scheik-ul-islam, monté sur un cheval, se promène là-dessus comme sur un gazon; c'est ce qu'on appelle le tapis humain. Ceux qui sont blessés disent qu'ils sont des saints, ceux qui ne le sont pas eussent voulu l'être; est-ce l'inverse, je ne l'assure pas; mais toujours est-il que le fait est vrai. Parmi tous ces fanatiques, se recru-teraient aisément des assassins prêts à renouveler à toute heure les massacres de Djeddah et d'Alep. D'un mot sorti de la bouche du Franconi qui les foule aux pieds, ils se précipiteraient le poignard à la main, le nom d'Allah à la bouche, pour égorger sans pitié ceux qui portent l'habit européen. Ils les hacheraient à petits morceaux, et ils seraient là, sur les tronçons sanglants des victimes, à demander au ciel la récompense de leurs forfaits pour avoir tué des chiens... des chiens!!! Mais au moins des chiens qui vous gardent, et dont les canons viennent de vous sauver à Sébastopol... Ce peuple est mort, il est dans le cercueil.

Ici, comme partout ailleurs, toutes les aspirations sont tournées vers la France, et surtout vers Paris; ceux qui ne connaissent pas cette cité féerique n'ont qu'une idée fixe, celle d'aller la voir... ceux qui l'ont visitée n'ont qu'un désir, celui d'y retourner. Les modes, les usages de France sont adoptés. On aime notre littérature ; on connaît nos auteurs célèbres, on cite nos grands artistes en tous genres ; partout on parle la langue de notre patrie.

J'ai vu au Caire et à Alexandrie de très-beaux bals, un jeune homme commandait à haute voix les figures en français. Les quadrilles joūés étaient ceux de nos meilleurs compositeurs ; on ne s'abordait que dans la langue de mon pays. Les invités qui ne la connaissaient pas paraissaient timides et craintifs. Les personnes du beau sexe reçoivent leurs toilettes de chez mesdames Palmyre, Alexandrine et Laure, comme les élégantes de la Chaussée-d'Antin. Les jeunes gens parlent de Dusautoy, de Lassus et de Longueville, comme s'ils étaient aux portes de Paris. Les vrais amateurs de voitures citent MM. Ehrler, Clochez et Muhlbacher. On se donne quelquefois le luxe de faire venir des dîners complets de chez Chevet, qui arrivent au jour indiqué par un paquebot. Nous avons été invités à un déjeuner charmant que voulurent bien nous offrir des jeunes gens d'Alexandrie ; on but à notre santé dans presque toutes les langues ; au dessert les airs saillants de nos opéras furent chantés, ainsi que les plus fines chansons de Béranger. Les journaux français sont lus avec avidité lors de l'arrivée du courrier. Le moindre fait et geste de notre em-

pereur a de l'écho dans tous ces pays. Notre politique,
devenue vaillante, notre drapeau grandement honoré
dans le monde entier, donnent de l'autorité au nom
français. Si nous sommes moins commerçants que les
Anglais, nous sommes plus sympathiques qu'eux. Qu'ils
vendent beaucoup de cotonnades et de machines; qu'ils
gardent leurs brouillards, leur spleen et leur piment,
nous leur préférons notre beau climat, nos vins, nos
modes, nos arts et notre gaieté. Moins froids que ces in-
sulaires, les Français sont aimés partout, parce qu'ils
sont, surtout, plus communicatifs que les enfants d'Al-
bion. On aime cette belle France toujours, mais jamais
autant que lorsqu'on est éloigné d'elle..... C'est le phare
qui éclaire l'univers.

Je me rappelle que, pendant l'Exposition universelle,
en 1855, j'étais aux Champs-Élysées; arrivé sur la place
de la Concorde, j'aperçois un groom à la livrée de l'empereur, qui servait de cicérone à un homme habillé en
Turc; dans ce dernier je reconnus mon maître d'hôtel de
Beyrouth; il me reconnut bien vite aussi; il s'avança
vers moi d'un air radieux et content. « Que faites-vous
ici, lui dis-je, monsieur Dimitri? — Je suis venu conduire
des chevaux du désert pour Sa Majesté Napoléon, me
répondit-il en italien. Vous ne savez pas que Boutros est
également à Paris, ajouta-t-il, et il est si ébloui de ses
merveilles qu'il en est malade. » Ce Boutros était un

muletier qui nous avait accompagnés de Beyrouth à Damas. Alors sa figure prit un aspect particulier; et, s'échauffant par degrés jusqu'à l'enthousiasme le plus grand : « Ah! signor Martel, me dit-il, qu'il est beau Paris, qu'il est beau!!! Jérusalem, c'est bien pour faire la prière; Paris, c'est le paradis. » Je trouvai cette observation si heureuse que je ne peux m'empêcher de la consigner ici.

Depuis l'avénement de Mohamed-Saïd, l'Égypte est entrée, dit-on, dans la voie du progrès. Les fellahs ont vu leur triste position améliorée... Dieu le veuille!... Les Européens peuvent acquérir des immeubles; chose impossible sous le règne précédent. Le vice-roi a été le promoteur, avec M. de Lesseps, du percement du canal de Suez; puisse cette voie nouvelle apporter en Occident partie des richesses de l'Orient pour le bonheur de tous, et, en retour, faire pénétrer la civilisation et le bien-être au milieu de ces populations barbares! Puissent aussi la paix et la concorde régner sur la terre !

Je crois avoir raconté rapidement ce que j'ai vu à vol d'oiseau; si j'ai fait quelques oublis et quelques erreurs, et c'est chose probable, je réclame de nouveau la bienveillance de ceux qui me liront.

Nous voilà prêts à remettre à la voile pour aller en Palestine.

II

Nous prîmes place, le 7 mars, sur *le Tancrède*, qui allait à Jaffa ; un pilote nous fit traverser les passes. Pour la première fois, les paquebots et autres navires pouvaient prendre des passagers à Alexandrie, les quarantaines ayant été abolies par le sultan dans toute l'Asie Mineure et la Syrie... Je me suis assez étendu, et peut-être trop, sur les inconvénients de la mer ; je m'abstiendrai donc de raconter en détail une horrible tempête qui dura trente-six heures : il nous fut impossible d'aborder à Jaffa, dont les côtes sont très-dangereuses; nous prîmes la direction de Beyrouth, où l'on peut trouver, sinon un port, du moins un simulacre d'abri. Qu'il suffise au lecteur de savoir que, parmi tous les désagréments forcés que nous eûmes à subir, un des tambours du bateau fut emporté par une vague furieuse, qui faillit nous engloutir : en cette périlleuse circonstance, grande fut l'énergie de notre commandant, il déploya une activité digne des plus nobles éloges, au milieu des éléments déchaînés.

Ici nous étions en compagnie d'une famille nombreuse. Le chef allait occuper un poste, je ne dirai pas lequel, je ne citerai pas le lieu. Il n'était pas fait pour imposer : grêle de formes, apathique, il avait un teint de citron ; sa femme tombait sur l'ocre, ses enfants vers le safran. « Ah ! me répétait-il souvent après notre départ, quand nous fûmes au large, *la foumée del carboun il m'importoune... mais il m'importoune...* » Et il portait son mouchoir à sa bouche, et il toussait, et il faisait des grimaces indicibles... « Ce n'est pas la *foumée* que je redoute, *moi*, mais la mer qui commence à grossir, » lui répondis-je.

Au milieu des angoisses de cette horrible traversée, j'éprouvai un moment de gaieté, motivée par une observation faite par le susdit étranger à notre capitaine, qui, fumant pour faire trêve à ses grandes fatigues, fut prié par l'homme *au carboun* de s'abstenir.. « *La foumée del tabac il m'incommoude !* » s'écria-t-il. Le commandant discontinua aussitôt, mais il avait dû prendre une certaine humeur de cette observation faite avec peu de tact, car, au milieu de la force de la tempête, il appela un domestique et lui dit : « Allez demander, de ma part, à monsieur, s'il veut que je le débarque. » J'avoue que cette apostrophe inattendue, et en pareille circonstance, me fit éclater de rire... Je quittai ma place pour aller porter quelques douces paroles à cette famille éplorée, qui occupait la grande pièce, à l'arrière du navire, où elle était rudement secouée, surtout par le tangage ; je crus voir des cholériques : ils n'étaient plus jaunes, ils étaient verts. Le père et la mère ressemblaient à deux statues couchées dos à dos, comme on en voit sur les tombeaux de Saint-Denis ; les pauvres enfants paraissaient sans vie ; à leurs côtés se tenait un père capucin, les mains levées et prêt à leur donner la bénédiction dernière. Ce spectacle me fit mal, la sympathie m'avait attiré vers eux, elle faillit me faire payer cher mon bon mouvement de cœur : le bateau fut soulevé avec une impulsion telle, par un coup de roulis, que je fus jeté au dehors de la chambre contre les parois du salon : jamais *Auriol* n'a fait voltige pareille. Je regagnai mon poste en m'aidant des bras et des jambes, et je parvins à me remettre sous la table, dont les pieds étaient cloués au parquet et où je pouvais me cramponner.

Enfin, le vent fléchit, je montai sur le pont : au loin se montrent la pointe du Carmel et les montagnes du

Liban, couvertes de neige. Nous arrivâmes le 9 mars, à huit heures du soir, dans les eaux de Beyrouth ; nous jetâmes l'ancre dans la rivière des Chiens. Le bonheur naît des contrastes : avec quelle volupté je dormis ! comme je me sentis revivre ! Le lendemain nous prîmes une nacelle pour gagner Beyrouth, et nous fûmes descendre à l'hôtel de M. Kara Dimitri. J'avais à remettre une lettre à madame Gélas, supérieure des dames de Saint-Vincent-de-Paul ; je me dirigeai aussitôt vers son établissement, situé en dehors des murs. Après les politesses d'usage, elle me fit l'honneur de me montrer en détail l'hospice qu'elle a élevé et qui est déjà un bel édifice.

Voilà de saintes femmes qui quittent leur famille, leur patrie, pour venir fonder une maison de bienfaisance et apporter des consolations à une population égoïste, qui ne connaît aucun des nobles préceptes de la charité. Elles débarquent sur le sol de la Syrie, elles n'ont pas d'asile, repoussées qu'elles sont par ceux dont elles viennent panser les plaies et élever les enfants. La religion du Christ peut seule pousser à tant d'héroïsme, seule elle peut suggérer d'aussi nobles sentiments. La haute intelligence de la sœur Gélas, et son âme élevée, triomphent de tous les obstacles : un hospice sort de terre, on établit des classes arabes ; plusieurs de ces dignes sœurs apprennent la langue de

Mahomet, elles instruisent sans murmurer les filles de ceux qui adorent ce prophète, elles soignent les ulcères des malheureux : croyez-vous qu'elles soient dédommagées de leurs peines ? non ! Peu leur importe, plus il y a de difficultés à vaincre et d'ingratitude à braver, plus il y a d'abnégation de leur part. Quatre classes sont ouvertes à trois cents enfants. Une seule d'entre elles, composée de pensionnaires, est payante ; et à quel prix reçoit-on les élèves ? à cent francs par an. Et combien y en a-t-il ? douze ou quinze seulement... Sous cette robe de bure se cachent toutes les vertus !...

Ce fut avec douleur que je vis, au *cimetière français,* le tombeau de mademoiselle Salze, ma parente, sœur de charité, qui trouva la mort à Beyrouth, victime de son dévouement : sa mémoire est en vénération au milieu de la colonie européenne ; l'Arabe même en a conservé un doux et profond souvenir.

Nous reçûmes à Beyrouth le meilleur accueil : que MM. Trullet de Rostand, Dervieux, Bertrand, Rogier, artiste aussi éminent que modeste, reçoivent nos remercîments pour leur sympathique cordialité.

Beyrouth est exposée à se voir envahie, dans un temps plus ou moins éloigné, par les sables qui dominent la ville et qui s'avancent lentement, mais sans relâche. On a l'espoir qu'ils prendront une autre direction pour aller se perdre dans la mer ; on ne saurait trop faire de vœux pour que cette cité soit épargnée de cette calamité ; j'ai vu plusieurs maisons abandonnées et des champs couverts de sable aux portes de la ville.

Les bazars n'ont rien de curieux ; presque toutes les maisons sont bâties en pierre de taille et ont une terrasse en guise de toit. Il faut voir la belle plantation de pins située à une demi-heure de Beyrouth : j'ai fait là une course charmante, monté sur un cheval arabe de pur sang, plein de feu et de distinction.

Les femmes, vêtues comme au Caire, portent, de la tête aux pieds, un drap de lit blanc ; leur figure est couverte avec un foulard : comment peuvent-elles y voir ?

. Il se fait à Beyrouth un grand commerce de soie du Liban ; c'est le port de Damas. Il y a beaucoup de transactions entre ces deux villes, en fruits principalement ; mais les moyens de transport sont difficiles, car il n'y a pas de grande route pour aller de l'une à l'autre ; les échanges ont lieu à dos de mulet et de chameau, et cependant Damas a une population de 150,000 âmes. Le gouvernement turc n'est pas digne de posséder un si beau pays ; pas de ports, nulle part de grandes voies de communication, l'abandon partout... et partout la misère...

M. Edmond de Lesseps est consul à Beyrouth, il sait faire respecter le nom français au milieu de cette population assez fanatique.

Je trouve que la mer a une teinte particulière en ce lieu ; est-ce le reflet du Liban ?... Que d'agréables sensations j'ai éprouvées dans mes promenades en allant à Raïs-Beyrouth ! Les eaux viennent mourir le long du chemin sur les roches qu'elles ont fouillées en mille formes !!!

Il existe à Beyrouth un usage que je ne puis passer sous silence, parce qu'il fait battre la fibre nationale. Louis XIV, voyant que le nom français n'avait plus en Orient le prestige qu'il y avait exercé de tout temps, envoya, pour le relever, un homme de valeur, le marquis de Gatines ; celui-ci s'acquitta de sa mission avec noblesse, et en qualité de représentant d'une puissance catholique et de premier ordre à tous les points de vue. Il assistait tous les ans à la grand' messe à Pâques, en grand apparat, accompagné de tous les protégés français résidant soit dans la ville, soit dans le Liban : et là, au moment où on lisait l'Évangile, il tirait son épée du fourreau et la tenait au-dessus de la tête du prêtre : c'était montrer que la France plaçait la religion chrétienne en ce pays sous sa protection. Cet usage, tombé presque en désuétude, fut repris par M. de Lesseps. Nous eûmes la satisfaction d'assister *à Gâtines ;* nous étions très-nombreux, et notre consul fut reçu avec pompe à la porte de l'église par le clergé, au bruit des *boîtes* qui ne cessèrent de se faire entendre pendant l'office divin. A l'Évangile, M. de Lesseps ne montra pas son épée nue, mais il avait l'intention de le faire les années suivantes. En chaire, un prédicateur parla longuement de la grande nation française, puis on chanta le *Domine, salvum fac Napoleonem.*

Nous prîmes, à Beyrouth, un guide nommé Michel Ros ; il devait nous accompagner en terre sainte, à Balbeck et à Damas. Son intelligence nous fut vantée : nous partîmes sur le paquebot autrichien *Germania*, qui se dirigeait vers Jaffa. Nous nous apercevons vite des qualités de notre drogman ; sa sollicitude est grande, il nous évite tous les petits embarras du voyage, veille sur nos malles, se montre empressé et prêt à satisfaire le moindre de nos désirs : nous n'avons eu qu'à nous louer de lui pendant tout le temps qu'il est resté à notre service.

Nous arrivâmes de bonne heure le lendemain à Caïffa. Nous vîmes flotter le drapeau de la patrie sur la maison du consul français. A gauche, au loin, presque à l'extrémité du golfe, je distingue Saint-Jean-d'Acre ; entre cette ville et Caïffa, l'œil se repose avec plaisir sur la plaine d'Esdrelon, où croissent des palmiers. Si le temps eût été clair, j'aurais pu voir, avec ma lunette, la cime du Thabor. L'obscurité de la nuit ne m'a pas permis de voir ce qui reste de Tyr et de Sidon. Nous avons donc longé les rivages de l'antique Phénicie, et la terre que nous voyons était jadis la Galilée. A notre droite, un cap s'avance dans la mer, il est dominé par un édifice qui a très-belle apparence et qu'on distingue facilement : c'est le couvent du Carmel, bâti au lieu même où Élisée fut enlevé aux cieux dans un char de feu. Derrière ces montagnes on trouve Nazareth et le lac de Tibériade. Nous voilà donc en face de cette terre sacrée ; je ne puis y descendre malgré mon vif désir, le bateau ne faisant qu'une courte station. Nous doublons le cap, nous longeons la côte ; tout paraît sans vie, partout des falaises qui dominent la mer. C'était autrefois la Samarie... Dans le lointain apparaissent les montagnes de la Judée !!! L'émotion la plus vive me domine, mes yeux regardent avec transport cette terre bénie. Au loin dans la brume se montre Jaffa ; la mer grossit un peu ; pourrons-nous débarquer ?... Enfin, nous y sommes ; *la Germania* s'arrête à quelques centaines de mètres de la cité ; nous prenons place dans une nacelle, nous passons entre deux petites roches que nous pouvons presque toucher de la main ; nous voilà tout à fait à l'abri et au pied des murailles que l'eau salée vient battre. Jaffa n'a pas de port ; nous montons les degrés d'un escalier mobile en bois et posons le pied sur la terre de Chanaan : nous sommes en Palestine !!!

Nous allons loger au couvent des Franciscains, appelés Pères de Terre-Sainte, nous montons d'interminables rangées d'escaliers. *Jaffa est bâtie en amphithéâtre;* on nous donne une mauvaise chambre sous les combles et on nous accueille d'assez mauvaise grâce, la pluie tombe à flots, il fait froid ; si nous voulons nous garantir contre la rigueur du temps, il faut fermer notre contrevent et allumer *nos bougies*, car il n'y a pas de croisées. Nous prenons notre parti, en grommelant un peu, comptant sur un bon dîner ; nous allons au réfectoire, et on nous sert d'assez mauvaise grâce un bien modeste repas à l'huile rancé. Je regrette d'avoir à écrire ces détails : si les pères se plaignent que beaucoup de voyageurs les quittent sans rien payer, ils devraient avoir un tarif ; si leur règle les empêche d'agir ainsi, ils devraient fermer leurs portes ; alors il viendrait l'idée à quelqu'un de tenir un hôtel ; mais on ne trouve gîte que chez eux. Si ces religieux entendaient les plaintes nombreuses dont ils sont l'objet, ils se montreraient plus empressés et ils n'y perdraient rien.

Après une très-mauvaise nuit, dévorés que nous fûmes par toutes sortes d'insectes, auxquels nous donnâmes une chasse sans relâche, et qui firent sur nos corps un bien meilleur régal que nous n'avions fait à la table des moines, nous quittâmes ce lieu pour prendre le chemin de Jérusalem. Nous avons des ânes qui ont d'énormes selles ; notre caravane ne marche pas avec pompe ; on ne peut être plus modestement monté. Nous traversons des rues dégoûtantes de saleté ; nous voyons une très-jolie fontaine en marbre adossée à une muraille, et, franchissant l'unique porte qui existe autour des fortifications de Jaffa, nous sommes en dehors des murs : la nature est luxuriante, elle étale à nos yeux étonnés son admirable fraîcheur et sa prodigieuse fécondité. Ce sont des orangers, des citronniers, qui plient sous le poids des fruits qu'ils ne peuvent porter ; pendant une demi-heure nous parcourons un chemin bordé d'immenses cactus et de magnifiques aloès ; nous ne pouvons nous lasser d'admirer cette végétation sans égale. La plaine où nous entrons ensuite est celle de Saharon, célèbre dans l'Écriture ; puis nous atteignons un petit bois d'oliviers auprès duquel s'élève un village. Nous descendons légèrement : à notre droite est une mosquée, à côté d'une citerne, à l'orifice de laquelle est une cruche pleine d'eau qui sert à rafraîchir les passants. Nous tirons quelques coups de fusil à des hérons qui vont par troupes dans la plaine. Trois heures après avoir quitté Jaffa, nous pénétrons dans Ramla, où naquit Joseph d'Arimathie. Notre guide nous fait descendre au couvent des Pères de Terre-Sainte. Nous traversons de beaux corridors voûtés, on nous conduit à nos chambres : elles sont simples, bien fermées et très-propres. Nous prenons un instant de repos, et nous allons escalader, tout près de Ramla, les cent dix-sept marches de la tour des quarante martyrs,

et contempler le panorama dont on jouit de ce point.
Le désert de Gaza commence non loin d'ici ; nous voilà
bien près du pays des Philistins.

Rentrés au couvent, nous assistons, dans la chapelle,
à la prière du soir. Au-dessus du maître-autel est une
Descente de croix, présent du roi d'Espagne Charles III ;
ce tableau a, dit-on, du mérite. Il y a là trois frères dont
deux prêtres. Nous avons le temps de voir, avant le
coucher du soleil, la terrasse et le palmier dont il est
question dans l'*Itinéraire* de Chateaubriand. Nous nous
rendons au réfectoire : une petite lampe à quatre becs
est suspendue au milieu de la voûte, elle répand une
clarté douteuse. Deux frères sont avec nous : on dit le
Benedicite en commun. Si le dîner n'est pas fin, il est
copieux ; j'aime à dire du bien de ces bons pères. Il y
avait là un homme jeune, à très-belle figure, et un vieil-
lard à barbe blanche, l'un entrant dans la vie, l'autre
prêt à descendre dans la tombe, tous les deux n'aspirant qu'au ciel ; ils étaient Espagnols, parlaient parfaitement l'italien et l'arabe, et comprenaient tant soit peu le
français. La salle à manger était décorée de grandes
peintures murales représentant la Cène et les Noces de
Cana ; Paul Véronèse et Léonard de Vinci n'étaient posi-
tivement pour rien dans ces badigeons.

La lune éclairait la plaine quand nous quittâmes le
couvent, le lendemain matin de très-bonne heure. Les

champs étaient détrempés par les pluies de la veille, nos montures enfonçaient jusqu'au poitrail, nous n'allions pas vite. Une heure après, à notre droite, un peu au large, nous voyons un tout petit village, sur le penchant d'une colline, au milieu des champs ; pas un seul arbre, pas une mosquée, ni dans ses murs, ni dans ses environs. Enfin, le soleil se montre brillant de derrière les montagnes de Naplouse ; nous laissons à gauche, au haut d'un mamelon couvert de petites roches, un autre petit village entouré d'oliviers et de cactus ; ensuite nous voilà à la cime d'une petite montagne : à droite, des ruines et quelques masures, c'est Latroun. En ce lieu naquit le larron qui se repentit sur la croix, et auquel le Christ mourant pardonna. Vis-à-vis, à plus de cinq cents mètres à gauche, est une mosquée. Nous sommes ici dans la tribu d'Éphraïm, le cœur commence à me battre. Nous voyons des Arabes avec des charrues aussi primitives que sous le père Jacob, labourant une terre qui ne vaut pas la semence ; ils attèlent de jeunes bœufs qui ont à peine la force de la traîner, et qu'ils stimulent à grands coups d'aiguillon. Une heure après, nous nous engageons dans un ravin, nous sommes au pied des montagnes de la Judée : par-ci par-là des troupeaux de moutons, à la queue très-large et presque plate, et de chèvres noires aux longues oreilles ; partout des troncs rabougris d'arbres sauvages et quelques oliviers ; sur

nos pas, des Arabes avec leur manteau rayé et le fusil sur l'épaule. La pensée de nous arrêter peut bien leur venir, mais nous sommes en nombre, bien armés et prêts à nous défendre. Leurs femmes, drapées dans des chemises bleues, qu'elles portent pour unique vêtement, malgré le froid, marchent avec agilité et avec une certaine grâce ; elles vont pieds nus sur les cailloux mobiles et pointus qui doivent leur fendre la peau ; mais il paraît que c'est leur habitude ; n'en serait-il pas ainsi, leur misère est si grande qu'elles n'ont même pas les moyens de se chausser. Quelques-unes, par économie, portent dans leurs mains leurs babouches, qu'elles ne mettent qu'à l'entrée des villes ; la coquetterie et la cupidité se glissent partout, aux dépens du bien-être et de la raison.

Il était dix heures quand nous mîmes pied à terre au milieu de la montagne, tout près d'une citerne creusée dans le roc et aux pieds de beaux oliviers. Nous fîmes là, en plein air, un charmant déjeuner, dû à la prévoyance de Michel, notre guide, ayant pour spectateurs silencieux presque tous les petits enfants d'un village voisin, qui se régalaient de ce que nous leur faisions passer. Notre halte fut de courte durée ; nous gravissons encore la montagne ; les sentiers en sont rocailleux, difficiles, étroits ; enfin, nous en atteignons la cime : derrière nous, Ramla nous apparaît comme un point dans l'espace ; plus au loin, la Méditerranée nous montre ses flots azurés. Nous commençons à descendre dans la vallée de Jérémie : à droite est un hameau qui porte ce nom, gouverné par le fameux Abougosh ; à quelques pas de la route est une vieille église bâtie par sainte Hélène ; près de la porte se balance un palmier. Les gens de ce pays ont une triste réputation : naguère, leur chef tenait les clefs du désert, et il fallait lui payer un droit de passage. Nous trouvons des groupes d'hommes humant le soleil ; allongés près du chemin sous des oliviers, ils fument avec nonchalance, ils ont chacun un fusil. Leur physionomie est loin d'être rassurante ; ils nous regardent et ne disent rien, quelques-uns même nous saluent. Pour descendre et remonter la triste et sombre vallée de Jérémie, nous mettons une heure et demie, laissant à droite le tombeau des Macchabées ; nous voilà dans celle de Térébinthe, plus désolée, plus resserrée que la première, la pente en est aussi plus rapide et les sentiers plus mauvais. Après nous être désaltérés à une fontaine qui coule au bord du chemin, nous traversons un petit pont jeté sur un torrent ; les parapets en sont à demi ruinés. On dit que ce fut ici que David prit les pierres avec lesquelles il tua Goliath. Le village qui est à gauche, sur la hauteur, s'appelle Kaloni. Nous voyons des Arabes taillant les vignes dont les ceps rampent ; toute cette nature porte un cachet de désolation. En une heure, nous atteignons le sommet de la montagne : toute végétation n'a

pas cessé; par-ci par-là quelques figuiers, quelques oliviers, quelques champs cultivés où pousse un blé mai-
gre. Ma monture ne marche pas au gré de mes désirs,
je l'aiguillonne, mais en vain, la fatigue l'empêche d'aller
plus vite; je la confie à mon guide, et je m'avance à pied
en courant... Il était trois heures de l'après-midi, le
vendredi 17 mars 1854, quand j'aperçus quelques minarets et une ville entourée de beaux remparts..... c'était
Jérusalem !!! Nous nous découvrons.....

Nous déchargeons nos fusils, les balles sifflent; c'é-
taient de bien faibles moyens pour faire honneur au
Maître du ciel et de la terre, mais c'était toute notre
artillerie... Nous restâmes muets d'étonnement, et je le
dis, les yeux baignés de larmes : c'était bien là cette
Jérusalem dont nous avions entendu parler dès le berceau, dont nos chants avaient, dans notre enfance,
exalté les louanges dans le temple du Seigneur, et dont
nos mères si pures nous avaient appris à vénérer le
nom. Je n'oublierai jamais l'impression que je res-
sentis à la vue de la ville déicide; je n'osais faire un pas
en avant : et là, où la croix devrait dominer et s'élancer
triomphante, s'élèvent des mosquées surmontées du
croissant. Jérusalem, même de loin, porte l'empreinte
de ses forfaits et de l'anathème que le Seigneur a jeté
sur elle; ville maudite, elle serre l'âme quand on l'aperçoit. «Que son sang retombe sur nous et sur nos enfants!»

s'écrièrent les Juifs il y a près de deux mille ans ! Mais savez-vous, descendants de Moïse, que du jour à jamais mémorable où vous avez élevé sur le Golgotha ce bois sacré qui portait un Dieu, vous avez fait de cette croix le signe de ralliement de tous les chrétiens ? Cette croix, jadis le partage des esclaves et des plus vils assassins, est devenue une relique précieuse ; à tous les instants du jour, des millions de fidèles en font le signe sur leur poitrine ; et alors que vous avez cru rendre infâme le fils du Dieu vivant, vous avez été dispersés dans le monde entier, longtemps en butte à la haine de tous. Cette croix, c'est la clef du ciel, la consolation des affligés ; elle décore la poitrine des braves. Cette croix nous console dans nos souffrances... La croix ! mais c'est notre gloire ; adorée chez tout ce qui a le sentiment d'une grande pensée, elle s'est montrée au ciel au grand Constantin et la victoire l'a suivie !

En un quart d'heure nous sommes à la porte de Jaffa. Je n'ose rester monté en franchissant le seuil de la cité sainte ; j'entre à pied... La ville ne me paraît pas désolée, les quartiers que je parcours sont assez propres et l'animation assez grande ; mais je me sens oppressé et un serrement de cœur m'étreint. Je traverse une longue rue, et je vais loger à l'hôtel de Malte. Sans perdre un instant, je me dirige vers le tombeau du Christ ; j'entre dans une petite cour fermée par deux portes très-basses, et je mets le pied dans l'église du Saint-Sépulcre. Me voilà dans le lieu témoin de la mort du Sauveur, une large dalle de marbre, aux angles de laquelle brûlent d'immenses cierges, s'offre à ma vue ; c'est la pierre de l'onction. Ici fut oint le corps de Notre Seigneur par Joseph d'Arimathie, quand Nicodème l'eut descendu de la croix. Je m'agenouille et je baise ce marbre, et je me dirige un peu à gauche, dans une rotonde éclairée par un dôme au-dessous duquel est une petite chapelle ; quatre cents lampes brûlent devant et au-dessus de ce lieu sacré.

Je courbe la tête, et j'entre dans une toute petite pièce carrée au milieu de laquelle est une pierre qui indique le lieu même où l'ange apparut à Marie-Madeleine et à Marie, mère de Jacques et de Salomé, qui venaient chercher le Fils de Dieu pour l'embaumer, et auxquelles il dit que le Seigneur était ressuscité. Je me courbe de nouveau, presque plié en deux ; mon émotion redouble : A ma droite est un sépulcre, je me prosterne avec respect, j'applique mes lèvres sur ce marbre qui recouvre la place où fut enseveli le Sauveur des hommes ; trente ou quarante lampes brûlent au-dessus de cette tombe vide et vénérée depuis bientôt vingt siècles, et qui le sera jusqu'à la consommation des temps ! Ah ! mon Dieu, que la prière est douce, que l'âme s'allége à entrer en union avec vous ! qu'on est heureux, loin du bruit du monde, de s'identifier avec votre majesté divine !

Je m'arrachai de ce lieu mémorable bien malgré moi, mais on allait fermer les portes du Saint-Sépulcre. En sortant, je vis les gardiens turcs, assis sur un tréteau semblable à un établi de tailleur ; ils fumaient et causaient, et je restai saisi d'indignation à la vue de ces adorateurs de Mahomet qui souillent de leur présence ce lieu si cher à tous les chrétiens.

Nous prîmes, en qualité de cicérone, pour nos courses du lendemain, un jeune et intéressant chrétien, surnommé Joseph le Nazaréen. De bonne heure nous quittâmes l'hôtel, dirigeant nos pas vers la porte Saint-Étienne. A peine arrivés en dehors des murs, nous découvrîmes en entier la vallée de Josaphat, qui est bien petite ; son aspect nous serre l'âme ; nous descendons rapidement, et, en quelques minutes, nous sommes au bas, sur un petit pont jeté sur le Cédron, qui est à sec. Tout près de nous, à gauche, est une église où il faut descendre une quantité de marches ; elle appartient aux Arméniens, c'est le tombeau présumé de la Vierge. Après l'avoir examiné, nous suivons un petit chemin de quelques mètres, entre deux murs à pierre sèche, qui conduit à la grotte témoin de l'agonie du Sauveur ; derrière le maître-autel est la place où Notre-Seigneur sua du sang. Une inscription, mise sur une plaque au-dessus de ce lieu, porte ce qui suit : *Hic factus est sudor ejus sicut guttæ sanguinis decurrentis in terram.*

Nous nous prosternâmes, la face contre cette terre auguste, et nous prîmes notre part des iniquités qui furent
la cause de sa douleur et de ses souffrances. Puis nous
fûmes au Jardin des Oliviers, situé, près d'ici, au pied
même de la montagne de ce nom. Nous suivîmes encore
un petit chemin le long d'une muraille élevée et en très-
bon état, au bout duquel nous fûmes toucher une petite
colonne qui indique la place où Judas trahit Notre Seigneur par un baiser. Nous pénétrons dans le jardin, et
nous voilà dans l'enclos de Gethzemani, soigneusement
entouré de murs qui le protégent contre la dévastation
musulmane. Saisis de respect, nous tenons nos chapeaux
à la main ; nous prenons un livre de prières, et nous allons sous un des huit magnifiques oliviers, que la tradition fait remonter à l'agonie du Christ, lire à haute voix
l'évangile de la Passion. Nous nous trouvons donc ici au
lieu même où se passa la grande scène qui devait chan-
ger la face du monde. Peut-être l'endroit où nous étions
avait-il été foulé par le Christ. Il me semblait voir le
Divin Maître s'éloignant, puis revenant, et trouvant ses
disciples endormis, et leur dire : « Quoi ! vous n'avez pu
veiller une heure avec moi ? » Il me semblait entendre
sortir de sa bouche si pure ces paroles immortelles :
« Mon père, éloignez de moi ce calice. » Je croyais apercevoir l'ange qui vint pour le consoler. J'avais devant
mes yeux cette grande figure, je la voyais prête à suc-

comber sous le poids des iniquités passées et découragée un moment à la vue des maux de l'humanité ; puis je le voyais encore s'avançant, l'âme fortifiée, au-devant des Juifs, et leur dire : « C'est moi qui suis Jésus de Nazareth. » Cet enclos a 1,800 mètres de superficie ; le plus gros des huit oliviers a 11 mètres, mesure prise au niveau du terrain, et 7 mètres 25 centimètres au milieu du tronc. Il est défendu, sous peine d'excommunication, de couper le moindre petit rameau de ces arbres vénérables ; le gardien vous avertit, mais on peut prendre les feuilles qui jonchent le sol. On comprend cette sévérité : sans cette défense ces oliviers n'existeraient plus. Je pris un peu de terre au pied de chacun d'eux ; j'obtins du gardien les grains suffisants pour former un chapelet, et je sortis. Je gravis la pente opposée à celle que j'ai descendue ; j'arrive à l'endroit où la Vierge monta au ciel ; tout près de là une pierre indique le lieu où se trouvait la mère de Dieu quand on lapidait saint Étienne ; puis, montant toujours, nous nous asseyons près d'une masure en ruines ; ce fut de ce point que Jésus se tournant vers la ville, pleura sur elle. Plus haut encore est le lieu où les apôtres composèrent le *Credo*, et, à quelques pas de là, l'endroit où, sur la demande de ses disciples, qui le suppliaient de leur laisser une prière, Notre Seigneur composa le *Pater*. Enfin, au haut de la montagne, est une mosquée ; entrez-y, vous verrez une pierre qui porte une empreinte de pied, c'est celle du Sauveur, qui de là s'élança vers les cieux le jour de l'Ascension. Si vous montez au haut du minaret, votre œil embrassera dans son entier la ville de Jérusalem, vous pourrez contempler son enceinte, mais vos regards s'arrêteront toujours sur le Saint-Sépulcre ; la magnifique mosquée d'Omar paraît de ce point dans toute sa splendeur, elle occupe l'emplacement du temple de Salomon. Ah ! que la tristesse s'empare de l'âme à la vue de cette ville si souvent saccagée, et qui porte en elle toutes les malédictions divines! Si vous détournez la tête, vous distinguerez la plaine du Jourdain et les eaux de la mer Morte. Je n'entre pas dans de plus longs détails relativement aux lieux que je viens de dépeindre ; je renvoie ceux de mes lecteurs qui voudront être admirablement renseignés à l'*Itinéraire* de M. de Chateaubriand et au *Voyage* de M. de Lamartine. Pèlerin inconnu, qu'ai-je à faire après de pareils génies? J'écris comme je puis : qu'on se montre peu sévère envers moi, qu'on n'exige rien autre chose de ma part au delà de la bonne volonté qui m'anime d'être vrai, et du désir que j'éprouve de me montrer bon chrétien avant tout.

Je descendis la montagne des Oliviers ; appuyant un peu vers le sud, je traversai un cimetière juif ; quantité de petites pierres, avec des inscriptions arabes ou hébraïques, servent à faire connaître la dernière demeure de beaucoup d'enfants d'Israël. Au bas, près d'un petit pont sans parapets et à une seule arche, jeté sur le Cédron, vous verrez un joli tombeau plus grand et mieux conservé que les autres, surmonté d'un cône, c'est celui d'Absalon ; tout à côté vous en distinguerez un autre dont on n'aperçoit que le haut, c'est celui de Josaphat ; puis le tombeau de Jacob, avec ses deux ouvertures ; le dernier, surmonté d'une pyramide, est celui de Zacharie ; des pierres tumulaires entourent ces monuments. Le mauvais village que vous apercevez sur le flanc de la montagne, et qui a un aspect si désolé, c'est le village de Siloé. Je prends, dans un tout petit enclos où sont quatre oliviers, un peu de terre de la vallée de Josaphat ; je traverse le pont, et je vais à la fontaine de la Vierge ; puis je m'arrête à la fontaine de Siloé, et à la piscine de ce nom. Grand Dieu ! que de ruines ! quelle désolation ! quel abandon ! Tout paraît mort dans le triste village de Siloé, qui est en face de moi. Je me sens écrasé par les souvenirs qui se rattachent au lieu où je me trouve. Ici toutes les nations auront à comparaître devant le Souverain Juge ! ici nous verrons Dieu dans toute sa majesté et le ciel ouvert pour les justes ! Terribles sont les pensées qui m'agitent, lieu bien extraordinaire que celui-ci !

Au lieu de suivre les murailles de l'est à l'ouest, je m'écartai un peu pour aller dans le champ de Haceldama, c'est-à-dire le champ du sang, qui fut acheté avec les trente pièces d'argent que Judas Iscariote avait reçues des princes des prêtres pour leur livrer Judas. Il y a là une grotte et quelques oliviers, mais on dirait que cette terre porte dans son sein la preuve du forfait du traître qui livra son maître. On ignore à quel endroit il se pendit accablé par le remords et le repentir, après avoir jeté dans le temple l'argent qu'il avait reçu. En rentrant à Jérusalem par la porte de Jaffa, je fus droit au Saint-Sépulcre; c'était un samedi, il y avait cérémonie particulière avec un peu de pompe ; à peine entré, je vois un enfant de chœur portant une croix en argent ; derrière lui venaient des pères de Terre-Sainte, des prêtres, puis des religieuses de Saint-Joseph, des Européens, quelques dames françaises, et tout ce cortége, un cierge à la main, chantant une hymne en l'honneur du Sacré Sépulcre, autour du tombeau du Christ. L'orgue accompagnait de ses notes suaves et harmonieuses ces chants sublimes. Il y avait là des gens de toutes les nations, appuyés aux piliers : c'étaient des Bédouins en haillons, à la mine sauvage, des Arabes au manteau rayé, des Turcs aux couleurs éclatantes, des nègres à la longue chemise bleue, des Grecs, des Arméniens, des gens de tous les pays, des femmes accroupies, des mères allaitant leurs nouveaunés ; de jeunes enfants qui jouaient, la plupart attirés par la curiosité et venant considérer un spectacle nouveau pour eux, s'arrêtant stupéfiés, et les yeux hagards à la vue de cette croix qui avait sauvé le monde, et ne sachant ce qu'était cet emblème qui, seul, pouvait les relever. C'était bien là, pour une âme tant soit peu poétique et religieuse, un coup d'œil sans égal. La procession avait déjà fait lentement deux fois le tour du tombeau, que, me sentant entraîné, je pris place dans ses rangs et je continuai à la suivre. Ah ! quel ineffable bonheur je goûtai pendant ces instans, hélas ! trop courts ! nulle part au monde je n'ai éprouvé pareille émotion. Cette pieuse cérémonie terminée, on chanta en chœur les litanies de la sainte Vierge : les voix étaient si pures, si fraîches qu'elles semblaient descendre du ciel, on eût dit un concert des anges. A regret, je vis arriver la fin de tant de prières. J'étais si heureux de les entendre, et si fier de me trouver près du Saint Sépulcre ! Les vénérables pères voulurent bien me montrer l'épée de Godefroy de Bouillon, qu'ils tirèrent d'une vieille armoire ; on me montra aussi les éperons de ce preux chevalier, sa croix, et j'éprouvai un charme indicible à toucher ces objets de ma main. Je soulevai cette lame vaillante, je la contemplai longuement ; elle avait appartenue à un noble seigneur de la France qui avait été roi de Jérusalem, et dont nos ennemis avaient appris à connaître la bouillante valeur ; notre patrie a eu l'honneur de voir pendant près d'un siècle son drapeau flotter sur les murs de la ville sainte.

L'influence de la France est presque perdue de nos jours ; cependant nos armées sont à Gallipoli pour défendre la Turquie menacée contre l'ambition du czar. L'appui que nous prêtons au sultan devrait nous donner une certaine force morale à Jérusalem. Il est pénible de le dire, mais le nom français, partout si respecté, est ici tombé dans l'oubli. Les Grecs, protégés par Nicolas, empiètent sans cesse sur les droits des Latins. Leur insolence et leurs exigences ne connaîtront bientôt plus de bornes. Sans cœur et sans dignité, ils ne respectent même pas les lieux saints, ils y commettent souvent aussi des scandales intolérables, ils s'emparent de tout au détriment des catholiques ; mais il faudra bien que la France se montre un jour, et vienne un peu se présenter en maîtresse souveraine ; c'est son rôle ! Si elle fut, à une époque, assez riche pour payer sa gloire, qu'elle sache, cette fois, profiter de la victoire, si, comme il ne faut pas en douter, l'orgueil moscovite est abattu (1). Notre exclusion de la question d'Orient, en 1840, détruisit notre influence en ces lieux ; il est pénible de le dire, mais il faut que l'on sache que notre prestige est nul en Palestine. Nous avons entendu des plaintes réitérées sortir de la bouche des dignes sœurs de Saint-Joseph, de quelques prêtres dévoués qui

____

(1) Ces lignes avaient été lues à quelques amis avant la bataille de l'Alma et la prise de Sébastopol.

bravent les dangers pour vivre et peut-être mourir martyrs à Jérusalem. J'ai été témoin de leurs souffrances, la foi les soutient, et l'espérance les console dans leur ministère d'abnégation. J'ai vu avec bonheur à Alexandrie, au Caire, à Beyrouth, à Damas, la position élevée qu'occupe la France, ici je n'ai été témoin que de son abaissement. Il faut une main énergique et ferme pour planter haut le noble drapeau de notre patrie. Sans blesser les susceptibilités d'aucun peuple, il faut que le monde sache que la France est la protectrice née des lieux saints; ce droit, elle le tient de ses pères, il est écrit dans toutes les consciences, et ce rôle, je l'espère, l'avenir le réserve à mon noble et beau pays, comme le passé en offre la preuve.

Rentrés chez nous, nous nous occupâmes de nos préparatifs de départ pour aller au Jourdain et à la mer Morte. Il fallut nous aboucher avec un chef de Bédouins qui devait nous donner huit hommes d'escorte et faire louer des chevaux, nous procurer une tente, avoir des provisions. Notre drogman se chargea de tout, et il nous promit de nous faire parcourir ces lieux déserts et qui n'offrent aucune ressource, sans que nous eussions à éprouver la moindre privation. Nos arrangements pris le samedi soir, il resta bien entendu que nous nous mettrions en route le lundi au soleil levant. Je consacrai la journée du dimanche à voir ce qui restait de curieux à

Jérusalem. Je fus visiter du haut du palais de Pilate, aujourd'hui devenu une caserne, la superbe mosquée d'Omar. Le dôme est d'une rare magnificence ; les Sarrasins ont déployé à l'extérieur la plus noble architecture ; les murs sont revêtus de petites plaques de marbre qui brillent au soleil. Je ne puis rien dire de l'intérieur, car un chien de chrétien qui oserait s'aventurer, même sur le parvis, serait, sinon mis en pièces, du moins insulté et couvert de boue. Après avoir contemplé ce monument bâti sur le lieu même où était le temple de Salomon, et fait toutes sortes de réflexions sur cet édifice occupant l'espace où les Juifs adoraient Jéhovah et où les musulmans adorent Mahomet, nous fûmes visiter les restes de l'église de Sainte-Anne, édifiée à l'endroit même où était la maison de la mère de la Vierge, et, non loin de là, la grande piscine où Jésus-Christ guérit le paralytique. Ce ne sont partout que des ruines. Puis nous nous arrêtâmes devant la porte murée du palais de Pilate ; ce fut là que le divin Maître fut conduit de chez Caïphe et que le gouverneur de la Judée se lava les mains en présence du peuple en disant : « Je suis innocent du sang de ce juste, » et que les mille voix des fils d'Israël s'écrièrent : « Que son sang retombe sur nous et sur nos enfants ! » Ce fut là que Barrabas fut délivré, et que Jésus fut condamné à mort. Vis à vis est la maison d'Hérode, en ruines, et, tout près, je me trouve dans une cour au lieu même où fut flagellé le Fils de Dieu. On lit au-dessus des portiques :

Apprehendit Pilatus Jesum et flagellavit.
Et imponunt ei plectenties spinam coronam.

On entre ensuite dans une chapelle ; au-dessous de l'autel est un petit rond de marbre vert qui indique le lieu même où le Seigneur fut battu de verges ; cinq lampes brûlent sans cesse. On lit l'inscription suivante :

Fui flagellatus tota die,
Et castigatio mea in matutinis.

Maintenant suivons la voie douloureuse, et accompagnons le divin Maître jusqu'au Calvaire. Nous longeons une rue droite, au milieu de laquelle Jésus-Christ fit sa première chute ; on tourne à gauche, et on se recueille devant le lieu supposé où la Vierge rencontra son divin Fils chargé de la croix. Tout près de nous est la maison de Lazare, en face celle du mauvais riche.

Au commencement d'une autre rue, où nous entrons en tournant à droite, nous apercevons, sur notre gauche, une petite pierre appliquée à la muraille, que les chrétiens baisent avec vénération et que les Turcs remplissent sans cesse d'ordures ; elle sert à faire connaître l'endroit où Simon le Cyrénéen aida le Dieu vivant à porter sa croix. A quelques pas plus loin, la maison de Véronique, les femmes de Jérusalem rencontrent le Seigneur près d'ici et versent des larmes : « Ne pleurez pas sur moi, leur dit-il, mais sur vous-mêmes. » Plus loin encore, nous nous arrêtons à l'endroit supposé où il fit la deuxième chute ; ici on ne peut plus le suivre, il faut aller près du couvent des Abyssiniens, à la porte duquel vous verrez une colonne renversée qui indique la place où Notre Seigneur se laissa tomber pour la troisième fois. Pour aller au Calvaire il faut encore faire un grand détour. Les bâtiments construits ont tout changé. On verra avec intérêt le couvent des Abyssiniens qui se disent chrétiens. Leur physionomie est fine ; ils sont venus du fond de leur pays pour adorer le Dieu de vérité au lieu même où il a vécu, où il est mort. Ils vous montreront un petit arbrisseau, ils prétendent qu'il indique là place où Abraham, suivant l'ordre de Dieu, allait immoler son fils Isaac. Ils ont une citerne très-curieuse creusée dans le roc, où il faut descendre avec une lanterne allumée. Allons au Saint-Sépulcre. En suivant des rues sales, remplies de fumier, notre cœur se serre à la vue de tant de ruines accumulées. C'est bien en ce lieu que la misère paraît hideuse ; il faut se hâter de sortir de ces cloaques, de ces rues au milieu desquelles sont étendues des peaux qui répandent une odeur infecte. Ne restons pas trop non plus dans ces bazars voûtés, où l'air est vicié, où l'on n'a rien de curieux à voir, où la circulation est grande cependant, et hâtons-nous de revenir dans l'église célèbre ; c'est bien là le seul endroit de Jérusalem où j'aime à me trouver ; gravissons à droite les quelques marches qui conduisent au lieu même où fut plantée la croix. Une plaque d'or en recouvre la place ; mais il y a au milieu de celle-ci un trou où l'on peut passer la main et toucher la pierre. On s'agenouille encore, et, les yeux levés vers le ciel, on s'identifie avec les souffrances du Rédempteur, on le voit élevé entre deux larrons, abreuvé de fiel et de vinaigre, et le flanc percé d'un coup de lance, puis le visage livide, rendant le dernier soupir. A un mètre de ce point, on touche aussi le rocher qui se fendit à ce moment suprême ; la crevasse est très-prononcée. A côté sont des dalles de marbre ; à cet endroit le Sauveur fut attaché à la croix. A quelques pas de là existe une chapelle construite au lieu même où se tenait la Vierge pendant le crucifiement de son fils. Il me semblait assister à cette scène terrible, il me semblait entendre la terre trembler sous mes pas. Oui, c'est bien ici que la grande victime a expiré, ici et non pas ailleurs, les pulsations du cœur le disent, l'âme tressaille. Oui, je le répète, Jésus de Nazareth a été crucifié sur le Calvaire, je défie les plus incrédules de nier ce que j'avance, s'ils veulent être sincères. Les hommes se ressemblent presque tous, et Dieu a mis en eux une soif de vérité ; il est impossible de ne pas être convaincu en présence de ce roc d'où est partie la régénération du monde. En-dessous de ce lieu se trouvent les tombeaux de Godefroy de Bouillon et de Baudouin, tous deux rois de Jérusalem ; ils ressemblent à deux bancs de pierre. Je les regardai avec bonheur ; je ne cherchais pas des mausolées luxueux, leur gloire est assez grande pour me captiver ; ils peuvent, les deux preux chevaliers, se passer de marbre et de bronze : quel honneur pour eux d'avoir été ensevelis là où mourut un Dieu dont ils vinrent du fond de l'Occident arracher le tombeau des mains des infidèles ! Suivant toutes les apparences, leurs restes ont été jetés au vent, mais le souvenir de leurs grandes actions durera tant que vivra le monde.

Je vis, dans la chapelle où les pères de Terre-Sainte célèbrent leurs offices, l'endroit où Jésus apparut, après sa résurrection, en habit de jardinier, à Marie Madeleine, et à côté, dans une autre petite chapelle, le lieu où il se montra à sa mère ; dans un angle de celle-ci, vous apercevrez une colonne de granit mise derrière un grillage, c'est celle de la flagellation ; on a laissé une petite ouverture de quelques pouces de diamètre. Tout près de vous est un long bâton surmonté d'une petite boule de cuivre, vous le faites passer à travers le trou, vous lui faites toucher la colonne, et puis vous appliquez le métal contre votre front et vos lèvres, on évite de cette manière bien des profanations. On descend pour aller examiner le lieu où sainte Hélène découvrit la vraie croix ; on continue les stations à la colonne où le Seigneur fut couronné d'épines, à l'endroit où les Juifs se divisèrent ses vêtements, à la place où était la prison où il fut enfermé pendant qu'on faisait les préparatifs pour le clouer sur la croix. Tout ce que je viens de citer, y compris la pierre de l'onction, le tombeau du Christ, le Calvaire, se trouve enclavé dans l'église du Saint-Sépulcre, ainsi qu'une église grecque d'une richesse infinie et d'un luxe qui contraste avec la modestie de ce qui appartient aux Latins. Les Grecs schismatiques ont le droit de garder le tombeau du Christ certains jours de la semaine ; le Calvaire leur appartient exclusivement, ou du moins ils s'en sont emparés de vive force ; en guise d'eau bénite, ils ont un flacon d'argent à la main, percé, à l'extrémité, de petits trous, qui contient de l'eau de rose, et ils vous en aspergent la tête ; un chrétien de l'église romaine doit repousser ces parfums. A ma physionomie ils durent vite comprendre que je n'étais pas des leurs.

L'église du Saint-Sépulcre est quelquefois fermée deux ou trois jours de suite, d'après le bon plaisir des Turcs, mais quelques pères de Terre-Sainte ne cessent jamais d'y prier ; ils restent là, on leur fait passer des vivres par une petite ouverture pratiquée à la porte d'entrée.

Pour aller à Sion, hors des murs, on passe devant le palais de David et l'immense couvent arménien, on traverse la porte de David, et on arrive près du cimetière des Américains. Sur nos pas nous avons aperçu des lépreux ; leurs habitations, séparées des autres, sont néanmoins dans l'intérieur des murailles, tout près de la porte que je viens de citer. Me voici sur cette montagne célèbre, immortalisée par tant de cantiques ; ce sont des petites maisons basses surmontées de petits dômes avec de rares croisées ; au milieu d'elles se dresse un dôme beaucoup plus élevé que les autres, c'est une mosquée, le Minaret est à quelques pas de celle-ci. Ce lieu de prières des musulmans occupe la place du tombeau de David, que je ne pus visiter, et la salle où eut lieu la Cène ; ce fut ici que le Sauveur rompit le pain avec ses disciples, et qu'il institua le sacrement de l'Eucharistie en disant :

« Prenez et mangez, ceci est mon corps ; » et prenant le calice, il rendit grâces et le leur donna en disant :

« Buvez-en tous, car ceci est mon sang, le sang de la nouvelle alliance, qui sera répandu pour plusieurs pour la rémission des péchés. »

Sublimes paroles que des milliers de prêtres répètent tous les jours en présence des fidèles prosternés la face contre terre, n'osant lever les yeux devant cette hostie sainte qui représente Dieu lui-même.

Cette salle est voûtée et supportée par trois colonnes, elle a tout au plus huit ou dix mètres en carré.

La maison de Caïphe est aujourd'hui une petite église arménienne. Le maître-autel est, dit-on, formé de la pierre qui recouvrit le sépulcre de Notre Seigneur. En lisant l'Évangile du dimanche des Rameaux, on voit que Jésus, après avoir fait la Pâque, s'en alla avec ses disciples sur la montagne des Oliviers, dans un lieu appelé Gethzémani, et après avoir été trahi par Pilate et livré entre les mains des Juifs, il fut conduit chez Caïphe, qui était grand prêtre, et dont la maison était tout près de celle où se fit la Cène. Il faut près d'une demi-heure pour aller du jardin des Oliviers sur le mont Sion : maintenant jugez quelles ne durent pas être les souffrances du Sauveur pendant cette course, environné qu'il était d'ennemis et de gens qui demandaient sa mort! Arrivé dans la maison de Caïphe, il fut enfermé dans un endroit qui sert de sacristie à l'église arménienne, et là, après avoir répondu qu'il était le Christ, fils de Dieu, on lui cracha au visage, on le frappa à coups de poing, et d'autres lui donnèrent des soufflets en disant : « Christ, prophétise-nous. »

La cour où se trouvait Pierre quand le coq chanta, après avoir renoncé trois fois son maître, précède l'église.

« Pierre se ressouvint de la parole que Jésus lui avait

dite : « Avant que le coq chante, vous me renoncerez trois fois. »

Cette faute pardonnée indique la faiblesse humaine, et l'élévation du grand saint est le symbole de l'espérance.

« De ce point Jésus fut conduit chez Ponce-Pilate, gouverneur de la Judée, qui ayant fait fouetter Jésus, le remit entre les mains des Juifs pour être crucifié. »

La fenêtre où Pilate présenta Notre Seigneur au peuple en disant : *Ecce homo*, n'existe pas, ou, si elle existe, elle est murée.

J'ai décrit la voie Douloureuse, et je n'ai pas cité, près du lieu de la flagellation, un arceau qui traverse la rue, où l'on place encore le souvenir de l'*ecce homo*, que les fils d'Israël durent, dans cette triste journée, répéter plusieurs fois en y joignant des quolibets et des apostrophes insultantes.

Louis XVI, le roi martyr, représente de nos jours la grande expiation qui eut lieu il y a dix-huit cents ans; il avait raison, l'abbé Edgeworth, de s'écrier, quand le couteau eut tranché cette noble tête : « Fils de saint Louis montez au ciel ! » Ce fut une auguste victime, qui paya de sa vie les fautes de ses aïeux...

Je descendis encore dans la vallée de Josaphat, laissant à droite, sans aller la visiter, la fontaine de Job, située dans un lieu assez riant, où des cavaliers turcs allaient abreuver leurs chevaux, qui troublaient seuls de leur allure rapide le silence de ces lieux. Je revis les tombeaux d'Absalon, de Zacharie, de Josaphat, de Jacob, et l'enclos de Gethzémani; je longeai les murs au levant pour aller du côté du nord voir l'emplacement du camp des croisés, qui, sous les ordres de Godefroy de Bouillon, s'emparèrent de Jérusalem, le 15 juillet 1099. Le Tasse a bien décrit la position de la ville sainte dans son troisième chant de *la Jérusalem délivrée*. Après avoir visité les tombeaux des rois, celui de Jérémie, et la porte de Damas, je revins à l'hôtel. Il faut une heure pour faire le tour des murailles, qui sont en parfait état, mais qui ne résisteraient pas au canon.

Le lendemain, nous étions à cheval pour aller au Jourdain. Nous traversons les rues en pente, aux pavés glissants de la ville, la vallée de Josaphat, et, remontant du côté opposé, nous trouvons huit Arabes déguenillés. Notre premier mouvement est de nous mettre sur la défensive; nous sommes étonnés d'apprendre que ce sont nos protecteurs; je les ai pris tous pour des brigands; leur figure me rassure encore moins que leur costume; ils portent de longs fusils à silex, dont le canon est fixé au bois par des rubans de cuivre. Ils nous montrent des dents blanches et acérées. Je ne voulus pas les avoir derrière moi; je fis part de mes réflexions à mes amis, ils furent de mon avis.

Voici notre ordre de marche : en tête, notre drogman à cheval, puis un janissaire du consulat de France, vêtu d'un burnous blanc, à cheval aussi ; nos huit Mandrins ou Cartouches, comme on voudra les appeler sans leur faire du tort, suivent, et nous venons après. M. Lemaître, M. Vallat et moi, nous montons des bêtes pacifiques, quoique arabes ; nous avons nos fusils en bandoulière et armés ; un mulet, qui porte nos bagages, conduit par un moukre, forme l'arrière-garde ; notre troupe se compose donc de quatorze personnes.

En examinant nos huit hommes, j'aperçus au doigt de l'un d'eux une fort belle bague, ornée d'une pierre de prix ; j'appelai Michel et lui dis :

— Fais-moi le plaisir de demander à ce gaillard-là s'il a acheté ce bijou chez Froment-Meurice, chez Poigneux ou chez Detouche ?

Tous s'arrêtèrent et ouvrirent des yeux de lynx... L'interrogé répondit qu'il ne connaissait pas ces messieurs à Jérusalem ; mais il se ravisa aussitôt, et dans le jeu de sa physionomie je crus comprendre qu'il se disait à lui-même : « Tu veux plaisanter, toi : gare si je te pince ! » Sans porter un jugement téméraire, je me dis que cet individu avait volé cette bague, et comme la mienne pouvait le tenter aussi, et que pour l'avoir il ne se fût pas fait scrupule de me décocher une balle tout en ayant l'air de jouer à la fantasia, je la mis en lieu sûr...

Une demi-heure après nous entrons dans un petit hameau en ruines, c'est Béthanie, où la femme dont parle l'Évangile versa sur la tête du Seigneur une huile précieuse, Béthanie qu'habitèrent Marthe et Marie, et où fut enterré Lazare, dont nous examinons le tombeau. Non loin de là est Betphagé, où Jésus envoya deux de ses disciples et leur dit : « Allez à ce village, qui est devant vous, et vous y trouverez une ânesse attachée et son ânon avec elle. » (Saint Mathieu, ch. xxi.) — Quelle humilité ! Cette terre est semée de beaux exemples.

Une heure après notre départ de Jérusalem, au bas d'une descente, nous nous désaltérons à une assez jolie fontaine en pierre de taille. Après avoir chevauché assez longtemps, nous passons à côté des ruines d'un kann, puis nous nous enfonçons dans des gorges d'un aspect lugubre. Sur nos pas des maraudeurs armés. Ici nos Arabes grimpent comme des écureuils et vont se poster sur la crête des montagnes dont nous parcourons le bas ; leur silhouette se détache du haut de ces pics. L'idée de nous dépouiller leur est sans doute venue plusieurs fois, mais leur scheïk répond de nous à Jérusalem, et son nom est connu de notre consul, qui a été averti de notre excursion. Nous entendons ensuite, au bas de précipices affreux, le bruit d'un torrent qui se précipite, et nous voyons un parapet en pierre sèche que *l'ingénieur en chef du pays* a fait élever au bord du chemin pour protéger le voyageur ; j'admire tant de prévoyance de la part du gouvernement turc. Nous descendons ; à droite au large est un château en ruines, et la mer Morte, dont le soleil fait briller les eaux ; vis-à-vis l'immense plaine du Jourdain ; au fond du tableau les montagnes de Moab et de l'Arabie Pétrée ; derrière elles l'Arabie déserte, dont les sables s'étendent jusqu'à l'Euphrate. Nous donnons un souvenir à la fameuse trompette de Josué en voyant Jéricho, appelé Ria, par les indigènes, de nos jours, qui se trouve à gauche au pied de la montagne de la Quarantaine, où Jésus-Christ jeûna quarante jours et quarante nuits, et où il fut tenté par le diable, comme nous l'apprend l'Évangile du premier dimanche du Carême. Nous traversons le torrent que nous avons entendu gronder au haut de la montagne, et nous allons chercher un endroit favorable pour camper. Nous choisissons un petit carré près d'une masure délabrée, qu'on me dit être un corps de garde. Il faisait plaisir de voir nos Arabes à l'œuvre ; en quelques minutes la tente est dressée, nous dînons de bon appétit et au grand air, et nous buvons de l'eau terreuse, mais en pareil lieu il ne faut pas se montrer difficile. La nuit arrive, nos enfants du désert vont couper un arbre dans un enclos voisin, peu soucieux d'un procès verbal et du procureur impérial, et ils en allument un feu énorme ; Michel et le janissaire se couchent en dehors de la porte de toile de notre *logis*. Nos fusils sont à nos côtés ; nous avons eu soin de nous assurer de leur bon état et de les charger à double balle en présence des Arabes. Je ne dors que d'un œil ; j'entends les cris des chacals et des chats sauvages, qui sont par milliers dans la plaine. Vers minuit, je me lève, et je vais me chauffer autour du brasier. Trois de nos hommes dorment la tête appuyée sur une pierre, les autres chantent ; ils me font signe de m'asseoir à leurs côtés ; je n'hésite pas. C'est un spectacle des temps primitifs... Nuit pleine de poésie, je ne t'oublierai jamais... Plus qu'ailleurs, ici, j'ai compris le charme de la vie nomade et de la liberté du désert : l'indépendance, la sobriété rendent ces hommes heureux...

De très-grand matin notre tente est levée, et nous sommes en marche, nous dirigeant vers le Jourdain. La plaine est sablonneuse, parsemée d'arbustes chétifs ; nos chevaux vont au pas ; nous allons ainsi pendant trois heures ; puis nos Bédouins, notre guide, le janissaire, nous disent à voix basse de nous arrêter, en y mettant même un certain air de préoccupation ; ils s'avancent avec précaution, le fusil prêt à faire feu et les yeux fixés vers un lieu que nous ne pouvons apercevoir ; ils marchent ainsi à petits pas, dans la crainte d'une décharge de voleurs qui s'embusquent à cet endroit pour attendre le voyageur et le dépouiller, et peut-être aussi de peur de rencontrer quelques bêtes féroces, assez communes dans ces parages. Enfin, ils nous engagent à aller en avant. Nous apercevons tout à coup le Jourdain qui coule rapide, encaissé, et dont les eaux bourbeuses ont une légère odeur de soufre. Le fleuve fait un brusque détour en cet endroit. Quelle belle végétation! Quels bords riants! Les arbres qu'il baigne sont couverts de verdure : ce sont des saules, des peupliers, des roseaux, des lauriers-roses de la plus belle venue. Quel contraste avec le pays aride que nous venons de traverser ! Après avoir mis pied à terre, nous plongeons nos mains dans ses eaux, nous portons celle de droite de notre front à notre poitrine ; et après avoir fait le signe du chrétien sur le même lieu peut-être où Jean baptisa notre Sauveur, nous remplîmes de l'eau du fleuve nos bouteilles de ferblanc ; au moment où j'écris ces lignes, j'ai la mienne sous mes yeux, je la remue et j'entends le liquide. Ce souvenir m'est précieux et me rappelle un grand bonheur et quelques instants périlleux. Je coupe une branche de saule que l'eau couvrait ; je viens de l'examiner aussi, j'y attache une valeur inestimable. Ce n'est qu'avec précaution que je m'approche du fleuve, il a déposé un limon glissant, l'eau est profonde, le courant rapide, par suite des pluies des jours précédents. Du côté du lac de Tibériade, le Jourdain peut avoir de quarante à cinquante mètres de largeur ; il est presque à sec en été ; ses eaux n'ont pas mauvais goût.

Notre curiosité satisfaite, nous repartons ; en une heure, à travers une route toujours sablonneuse et en plaine, nous atteignons les bords de la mer Morte ; avant d'y arriver, nous distinguons un château en ruines, et, sur tout le côté nord, d'immenses débris de couleur blanche, qui nous semblent être des ossements de mastodontes : ce sont des arbres dépouillés de leur écorce et blanchis par l'eau salée du lac Asphaltite ; beaucoup d'entre eux sont à quinze et vingt mètres du rivage ; ils n'ont pas été mis là par des hommes ; d'où viennent-ils donc ? Mais de la mer Morte, et il faut que les vents en soulèvent les flots pour qu'ils puissent rejeter de leur sein sur la grève, et à des points si éloignés, ces troncs que les mêmes eaux ont portés, provenant sans doute du Jourdain.

On va être étonné de m'entendre dire que Chateaubriand n'a pu résister au désir de faire une belle phrase, mais si ce que je viens de faire remarquer est vrai, quant à mes suppositions, bien entendu, parce que, pour le fait, je le garantis, les vents les plus impétueux peuvent donc soulever ses eaux, qui sont blanches comme de l'argent, mais d'une amertume à écorcher le gosier, auprès d'elles l'eau de l'Océan est douce. Mon camarade a tiré plusieurs coups de feu à des compagnies d'oiseaux qui allaient, leur frayeur passée, se reposer sur ses rives ; j'ai vu, près de là, des corbeaux et des hérons ; le grand écrivain n'en a peut-être pas aperçu lors de son passage.

Voici comment M. de Chateaubriand a traduit ses impressions : « Tels sont ces lieux fameux par les bénédictions et par les malédictions du ciel : Ce fleuve est le Jourdain, ce lac est la mer Morte ; elle paraît brillante, mais les villes coupables qu'elle cache dans son sein semblent avoir empoisonné ses flots ; ses abîmes solitaires ne peuvent nourrir aucun être vivant ; jamais vaisseau n'a pressé ses ondes ; ses grèves sont sans oiseaux, sans arbres, sans verdure, et son eau, d'une amertume affreuse, est si pesante que les vents les plus impétueux peuvent à peine la soulever. »

M. de Lamartine est plus vrai sur ce point que son noble devancier, et ce qu'il écrit dans son *Voyage en Orient* dépeint mieux ces endroits, que je ne trouvai pas si désolés que l'auteur de l'*Itinéraire* veut bien nous l'apprendre ; je les croyais plus affreux. Quant à Sodome et Gommorrhe, je crois qu'on ne peut distinguer ces villes sous l'eau qu'en imagination.

Je demande bien pardon à l'ombre de Chateaubriand de ce que je viens d'écrire, je ne lui porterai pas un grand coup, je le sais ; mon livre ne dépassera pas le cercle de mes amis; en serait-il autrement, on n'hésitera pas à donner raison au grand écrivain, je m'y résigne d'avance.

Je n'entrerai pas dans de longues dissertations pour

savoir comment s'est formée la mer Morte ; je ne veux discuter avec personne, avec d'autant plus de raison que je serais vite battu, car cette question occupe des savants ; mais je crois ce que dit la Bible, et, sans vouloir me mettre en désaccord avec certains grands esprits, je ne pense pas les fâcher en leur disant que je ne compare pas un instant leurs écrits avec ce que je lis dans le Livre sacré. Je cite les chapitres 18, 19 de la Genèse : « Le Seigneur fit donc pleuvoir sur Sodome et Gommorrhe le soufre et le feu du ciel, et il détruisit les cités et toute la contrée qui les environnént, et toutes les habitations des villes et toutes les plantes. » (Chapitres 27, 28.) : « Or, Abraham regarda Sodome et Gommorrhe, et toute la terre de cette contrée, et il vit une fumée monter de la terre comme la fumée d'une fournaise. » Que les Voltairiens haussent les épaules, je hausserai les miennes ; ils sont plus à plaindre que moi.

En examinant ces lieux déserts, je m'écartai un peu par distraction, les huit Arabes me suivirent ; me voyant isolé, ils formèrent un cercle autour de moi ; à leurs gestes, à leurs cris, il me fut facile de comprendre qu'ils en voulaient à ma bourse ; le plus ardent de tous était *l'homme à la bague* ; il saisit la bride de mon cheval, je levai ma cravache, prêt à le frapper, je piquai des deux, et il lâcha prise. J'appelai mes camarades ; à leur approche, ces brigands-là se mirent à rire comme s'ils venaient de faire une plaisanterie ; il ne s'agissait pas d'entrer en explications avec eux, il fallait partir.

Je dois dire que le calme de M. Lemaître et le sang-froid de M. Vallat ne se démentirent en aucune circonstance ; celui-ci, fort habile tireur, donnait une haute idée de lui à notre escorte ; armé d'un bon fusil, il envoyait placer un but à grande distance, et rarement il manquait de l'atteindre. Son adresse nous rassurait. Qu'il se rappelle le cavalier turc qu'il mit en joue en sortant de Dimas, je n'eus que le temps de lui crier de ne pas faire feu. Il tua à la volée, dans un bois de palmiers, près des pyramides, un aigle qui vint tomber à nos pieds ; cet oiseau de proie était magnifique. Je n'ai pas encore fait mention de son adresse, je suis bien aise de la consigner ici.

Nous quittons la plaine, et tout en marchant au milieu de monticules, nous déjeunons à cheval, pas de sources sur nos pas ; nous avons oublié d'apporter de l'eau, cette privation est grande. Notre caravane va lentement ; au haut d'une montagne, une heure et demie après avoir quitté la mer Morte, j'aperçois une mosquée ; ce pays est horrible. Nous voilà dans une plaine, une tribu campe là, elle y a planté ses tentes noires ; nous tenons nos fusils à la main, la culasse appuyée sur la selle. Les Arabes nomades nous regardent de loin ; je me retourne, nos guides ne sont plus près de nous ; j'envoie le janissaire pour leur dire de hâter le pas. Ils répondent que nous ayons à ralentir l'allure de nos chevaux, nous les attendons. Des chameaux paissent au haut de mamelons, des pâtres gardent leurs troupeaux de chèvres, partout un silence de mort et le calme du désert ; nous trouvons une source verdâtre que gardent des Arabes ; malgré la soif qui me dévore, je n'ose en approcher mes lèvres, je crains d'être incommodé par cette eau. Vers quatre heures de l'après-midi, nous demandions l'hospitalité au couvent grec de Saint-Sabba, nous étions porteurs d'un permis d'entrée ; un moine en vedette, au haut de la tour, vint nous ouvrir la porte de fer ; on nous donne une chambre environnée de tapis moelleux, on nous sert, de très-bonne grâce, du pilau, des raisins secs et une bonne salade. Le couvent est bien fortifié, placé dans un lieu solitaire, au bas duquel coule le Cédron *quand il n'est pas à sec ;* sa position inspire la tristesse, et l'ennui vous saisit en le visitant. Le palmier cité par Chateaubriand existe encore. L'église est vaste, richement décorée. Après avoir vu quantité de crânes, qu'on dit être ceux des saints qui ont vécu dans le monastère, ou aux environs, nous fûmes nous reposer, et au soleil levant nous étions sur le chemin de Bethléem. Une demi-heure après j'aperçois les murailles de Jérusalem ; à une heure de ce point, je vois, sur une hauteur, un mauvais village, c'est Bethléem.

A ma droite, Jérusalem et le mont de l'Ascension apparaissent toujours ; ainsi j'ai devant mes yeux le lieu de la naissance et de la mort de Notre Seigneur, et celui d'où il monta au ciel. Si la vue de la cité sainte m'avait impressionné, ici je fus attendri : ce nom de Bethléem réveille de si doux souvenirs ! c'est l'image de l'humilité.

« Et vous, Bethléem, terre de Juda, vous n'êtes pas la dernière parmi les principales villes de Juda, car de vous sortira le chef qui conduira mon peuple d'Israël. »

A gauche est un enclos où je compte soixante-quatre oliviers ; la tradition place ici l'apparition de l'ange aux bergers :

« Or, il y avait en cet endroit des bergers qui passaient la nuit dans les champs et veillaient tour à tour à la garde de leurs troupeaux, et tout à coup un ange du Seigneur se présenta à eux. »

J'arrive à Bethléem. Les femmes portent sur la tête et jusqu'à mi-corps une étoffe blanche, quelques hommes ont de grandes robes blanches aussi et un pardessus écarlate. Entrons dans le couvent : les corridors sont remplis de marchands ; ils vendent des chapelets, des objets en nacre, qui se fabriquent à Bethléem. Les pères de Terre-Sainte ont établi des écoles pour les enfants, auxquels ils enseignent même l'italien. On nous montre une belle église, dont la voûte est supportée par de belles colonnes ; elle appartient aux Arméniens. Après avoir descendu quelques marches, nous sommes dans la grotte où le Sauveur vint au monde ; une dalle de marbre blanc en occupe la place, un autel est adossé au mur ; on a mis au lieu même où la Vierge donna le jour à son divin Fils une plaque en argent de forme ronde et entourée de quatorze pointes ; la première ayant été enlevée, le consul de France vint lui-même poser celle que l'on voit aujourd'hui aux fêtes de Noël 1852. On lit autour :

Hic de Virgine Maria Jesus Christus natus est.

Et au bas, 1717... Pourquoi ce nombre ?

Seize lampes brûlent sans cesse ; vis-à-vis est la crèche où fut déposé le Sauveur ; les pères y ont mis un jeune enfant en cire enveloppé de langes et au teint vermeil ; l'autel, qui est à deux mètres de cette pierre d'humilité, indique la place qu'occupaient les rois mages quand ils vinrent de l'Orient pour adorer Jésus ; la Vierge se tenait près de là pendant que ces grands du monde offraient à son divin Fils de l'or, de l'encens et de la myrrhe. La grotte est bien conservée ; quantité de lampes allumées sont suspendues à la voûte. Je lus les Évangiles qui ont rapport à la naissance du Sauveur : je visitai l'endroit où mourut saint Jérôme, celui où était Joseph lorsque Marie fut prise des douleurs de l'enfantement ; les images de

Paule et Eustochie, grandes dames de Rome, qui embras-sèrent la religion du Christ et vinrent mourir à Bethléem ; le sépulcre où furent inhumés les saints Innocents, tom-bés victimes de la colère d'Hérode.

J'achetai le bâton de pèlerinage incrusté de petits mor-ceaux noirs et blancs en nacre, et je m'acheminai vers Jérusalem, où j'arrivai deux heures après.

Je visitai le couvent des Franciscains, le petit hospice fondé par les sœurs de Saint-Joseph ; je fis dire une messe, à l'intention de ma famille, sur le tombeau du Christ, à laquelle j'assistai.

Pour aller à Saint-Jean du Désert, je passai non loin du lieu où l'on suppose que fut coupé l'arbre qui servit à faire la croix où fut crucifié Notre Seigneur, il y a là un couvent grec de femmes. J'atteignis le mauvais village de Saint-Jean, au milieu duquel est un couvent entouré de murailles habité par des pères de Terre-Sainte ; l'é-glise est belle ; à l'endroit même où naquit le précurseur est une chapelle qui est enclavée dans l'église. Près du village est un monument en ruines ; il occupe la place de la maison d'Élisabeth, que la Vierge fut visiter. Ici fut dit pour la première fois le sublime cantique *Magnificat anima mea Dominum*. Il faut encore une heure pour aller à l'endroit où vécut saint Jean ; on y verra une grotte d'où coule un filet d'eau.

L'Évangile du deuxième dimanche de l'Avent dit :

« Eux s'étant retirés, Jésus prit la parole et dit au peuple en parlant de Jean : « Qu'avez-vous eu dessein de voir au désert ? » Tout ce pays est affreux, les habitants ont de mauvais instincts, il ne faudrait pas s'y aventurer seul.

Je fis ample provision de chapelets que je fis bénir sur le tombeau du Christ ; je leur fis toucher tous les lieux où se rattachent d'impérissables souvenirs. Jérusalem est au moins à trois cents mètres au-dessus du niveau de la mer ; il y tombe souvent, en hiver, de la neige ; l'eau n'y est pas bonne, on n'a que des citernes, les environs sont arides. Cette ville compte trente mille âmes ; il n'y a pas de commerce ; la monnaie française a cours.

La mer Morte est à plus de quatre cents mètres au-dessous du niveau de la mer. Nous fûmes bien traités à l'hôtel de Malte, tenu par le signor Antonio ; on nous servit à l'européenne ; nous avions du bon miel de Josaphat et de l'excellent vin blanc des environs de Jérusalem, semblable à celui de Chypre. Les pères de Terre-Sainte me donnèrent mon certificat de pèlerinage. Ma dernière visite fut pour le tombeau du Christ, et je partis ; je me retournai souvent pour voir la ville sainte, elle disparut à mes yeux. Je traversai la vallée de Térébinthe, celle de Jérémie ; je revis Latroun ; j'arrivai à Ramla après avoir traversé la plaine par un soleil tropical ; je ne m'étais pas précautionné contre ses rayons brûlants, j'en sentis les funestes effets pendant plusieurs jours. Les pères nous reçurent bien. Nous rentrâmes à Jaffa. La physionomie des moines n'était pas devenue plus gracieuse; ils nous donnèrent du mauvais macaroni. Nous visitâmes les fortifications, l'endroit par où les Français, en 1799, avaient pénétré dans la ville après un long siége et une résistance acharnée; la maison où saint Pierre ressuscita la veuve Tabithe, c'est aujourd'hui une mosquée; la fameuse salle où Napoléon fut toucher les pestiférés : en voyant le tableau de Gros on croirait que cet acte de courage se passa dans une belle cour à ogives, c'est une pièce toute petite, située dans le couvent des Arméniens.

Nous avions trouvé à Beyrouth M. Abbadie, nous eûmes le plaisir de le revoir ici. C'est un des voyageurs les plus célèbres du siècle.

Né en France, il a habité pendant dix ans l'intérieur de l'Abyssinie; il connaît sept langues de ce pays, a été premier ministre d'un roi nubien, et a fait de longues expéditions à la tête d'une armée. Il serait trop long d'énumérer ses narrations pleines d'intérêt. Il nous racontait, entre autres choses, qu'il avait entendu des prédictions surprenantes faites par les naturels à la vue du foie d'un des leurs mis à mort comme reconnu apte à faire une bonne victime de propitiation : ce que les devins annonçaient s'accomplissait presque toujours. Son frère est un astronome distingué, on s'est occupé souvent de ses travaux scientifiques à l'Académie des sciences.

Le vapeur autrichien *l'Imperatore*, en partance pour Beyrouth, était à l'ancre ; nous prîmes un bateau et douze rameurs pour aller à son bord. La mer était grosse, les vagues en furie venaient battre les murailles, notre nacelle monte et descend au milieu d'elles comme une escarpolette en mouvement. Quantité d'Arabes assistent à notre départ. Une lame énorme passe au-dessus de nos têtes et nous ensevelit ; un de nos hommes est à la mer, les autres abandonnent les rames, et, levant les yeux au ciel, ils implorent *Allah* ; le rivage retentit d'une immense clameur, on nous croit perdus. Nous parvenons à sauver le malheureux qui lutte contre les flots en courroux ; notre barque est pleine d'eau ; nous prenons nous-mêmes les rames, nous donnons l'exemple, et nos pauvres effrayés finissent par nous conduire aux pieds de *l'Imperatore* ; pour l'atteindre, nous eûmes recours à toutes sortes de manœuvres ; grâce aux cordes qui nous furent jetées, nous y posâmes le pied.

Le lendemain nous étions à Beyrouth, où Michel s'occupa de nos préparatifs de départ pour Balbeck et Damas ; nous prîmes deux moukres et deux mulets, l'un portant nos cantines avec nos provisions de bouche, l'autre nos bagages et nos matelas ; un excellent cuisinier et notre drogman nous accompagnaient ; quant à *nous*, nous n'étions pas cette fois trop mal montés. Après avoir traversé le bois de Pins, nous commençons à gravir le Liban; les chemins en sont escarpés. Sur nos pas, grand nombre de mules à la queue coupée; elles portent des caisses en bois blanc contenant des fruits de Damas; dans les champs, des troupeaux de chèvres aux longues oreilles, des mûriers partout, et, par intervalle, quelques petits villages avec une église surmontée d'un petit clocher. Cette partie de la montagne est habitée par les Maronites, qui reconnaissent l'autorité du pape; leurs prêtres peuvent se marier, mais s'ils perdent leur première femme, il leur est défendu d'en épouser une seconde; ils ne peuvent non plus prendre une veuve. On compte 150,000 Maronites. Non loin sur les hauteurs, nous apercevons un grand village peuplé de Druses, qui diffèrent essentiellement des Maronites pour la religion, puisqu'ils adorent un certain kalife nommé Hakem Biam-rellah, qui vivait au onzième siècle. Leurs mœurs sont mauvaises; ils sont méchants, belliqueux, mais hospitaliers; ils prétendent descendre de croisés français, qui, sous la conduite d'un comte de Dreux, se seraient établis dans le Liban; le nom *Dreux* et le mot *Druse* ayant un peu d'analogie, on tire de là leur origine.

J'ai vu quelques femmes ayant sur leur tête une pièce de fer-blanc haute de trente centimètres, d'une forme conique. On compte 120,000 Druses. Nous prîmes un peu de repos à un Kann, dont le mot signifie *Siffleur*; au-devant coule une très-jolie source; le brouillard nous environne, nous allumons un petit feu dans un trou de la muraille. Nous mettons une seconde fois le pied à terre au kann dit de l'Escalier ; une fontaine coule encore là, fraîche et abondante. La route que nous suivons après cette halte est horrible, nous nous enfonçons dans les neiges. Sept heures après notre départ, nous atteignîmes le haut du Liban ; tout est glacé, pas de chemins frayés ; au bas du penchant opposé à celui que nous venons de gravir s'étend une immense plaine, c'est celle de Bekaa, ou de Célé-Syrie ; on dit qu'elle a cent cinquante kilomètres de longueur sur six à dix de largeur. Elle sépare les hautes montagnes du Liban de celles de l'Anti-Liban, qui sont parallèles et plus basses ; à droite, le pic d'É-bron. Nous descendons, nos chevaux enfoncent dans la neige, le côté où nous sommes est aride. Enfin, après quatorze heures de marche, nous arrivons à Zharlé, harassés de fatigue ; nous entendons sonner l'*Angelus*. Ce village est presque en entier peuplé de maronites. Nous prîmes gîte chez un nommé Aboulhier. Aux murs de la chambre sont suspendues deux images, elles représentent saint François de Sales et Notre Seigneur. Les moukres et le cuisinier sont restés en arrière ; nous mangeons les œufs de ce brave homme, et nous nous couchons sur un simple tapis, ayant pour unique couverture notre burnous. A minuit nos retardataires arrivent. Le matin nous visitons une église où l'on célèbre le rite grec. Les femmes sont belles. Notre cuisinier nous a préparé dans la cour un bon déjeuner, nous le savourons ; j'apprécie vite son habileté culinaire, je le recommande aux fins gourmets ; comme artiste en pot-au-feu et comme caractère, Gibran ne laisse rien à désirer, il parle bien le français, il est expéditif.

Nous allions partir, quand le guide vint nous dire qu'une femme en couches désirait avoir une consultation de l'un de nous ; ce monde-là s'imagine que tous les Européens connaissent la médecine. Mes compagnons me prièrent d'aller auprès de madame ; j'y fus ; je trouvai un bel enfant auprès de la mère, et la pauvre femme qui venait de lui donner le jour entourée de commères. Elle me tendit son bras, je lui touchai le pouls avec gravité, je sortis ma montre, je l'examinai d'un air pensif pour me rendre compte du nombre de pulsations à la minute, et je lui fis dire que son état était satisfaisant. Elle avait la bouche en feu, j'ordonnai de l'orge très-légère, en ayant soin de recommander aux suivantes de ne pas la donner froide, mais bien sucrée et par petites doses. Mon ordonnance verbale finie, et transmise par Michel, fut reçue avec avidité ; ne voilà-t-il pas que les bras de toutes ces dames étaient tendus vers moi. Je palpai ceux des plus jolies d'entre elles, et dans la crainte que leurs farouches maris ne vinssent trouver extraordinaire la familiarité de leurs épouses et n'eussent l'envie de me demander *mon diplôme* de médecin, je remontai à cheval en toute hâte ; nous traversâmes des rues pleines d'immondices, un pont sans parapets, et nous voilà hors de Zharlé ! Nous longeons la plaine de Bekaa ; le terrain est défoncé ; nous passons un petit ruisseau au bord duqqel est un moulin. Près de là je rencontre un jeune enfant qui me dit en français : *Bonjour, monsieur ;* je le regarde avec surprise ; il prend la course.

Au loin se dressent de hautes colonnes, ce sont les ruines de Balbeck ; mes yeux ne peuvent s'en détacher. Plus j'avance, plus elles semblent s'éloigner : aussi frappé qu'à la vue des Pyramides, mes pensées se tournent vers les siècles passés et vers le néant. Avant d'y arriver, je m'arrête pour voir, à côté du sentier que nous suivons, huit petites colonnes de granit qui supportent une architrave : elles forment un rond de 5^m 87 de circonférence.

Le village où nous entrons est bâti à pierre sèche, toutes les maisons n'ont qu'un rez-de-chaussée ; l'aspect de ce pays est peu séduisant. M. Abou Alié, chez qui nous descendons, est absent ; madame nous fait les honneurs du logis ; il arrive quelques heures après de Zharlé, apportant à son jeune enfant une veste brodée ; il l'embrasse avec bonheur. Les hommes de ce pays ont, dans leurs regards, quelque chose de farouche... Notre admiration ne peut se dépeindre à la vue des temples ;

des blocs de pierre, des tronçons de colonnes, des chapiteaux, des corniches jonchent le sol.

Le temps est froid, la pluie commence à tomber; le
ciel est gris, les nuages passent rapides au-dessus de
nos têtes : notre cœur se serre; tant de débris amoncelés nous attristent. Je m'assieds au milieu de ce chaos;
mille réflexions m'assaillent. Si je lève les yeux, je con-
temple des colonnes qui sont debout depuis vingt siècles,
et dont les dimensions sont colossales ; de tous côtés
l'abandon et le silence, partout la désolation ; des oiseaux
de proie tournent au-dessus de nos têtes, nous trou-
blons leur repos, c'est leur demeure. L'homme a élevé,
le Temps, de sa main de fer, a détruit, et les aigles et
les vautours sont les possesseurs de ces temples. On a
besoin d'être entouré d'amis en un pareil lieu ; le souvenir de la patrie revient à la mémoire. Approchons...
Le premier des deux, dédié au soleil, est plus petit que
l'autre : les colonnes qui le décorent ont 5^m 70 de circonférence et 15^m de hauteur. L'une d'elles, brisée par le
milieu, est appuyée contre le mur du temple ; elles supportent des chapiteaux d'ordre corinthien, dont l'un,
détaché de sa place, et qui est à nos pieds, nous frappe
par sa belle conservation et par le style élégant de son
architecture. Le péristyle est formé de belles colonnes cannelées, en trois morceaux; les caissons qu'ils
supportent sont énormes; sur l'un d'eux j'ai vu une

figure mythologique. Aux angles j'ai mesuré quelques pierres, j'en ai trouvé d'une hauteur de 4ᵐ, d'une longueur de 9ᵐ 90. On entre dans l'intérieur par une petite porte, et l'on se trouve en face d'un portail remarquable, dont la clef, presque détachée de sa place, semble prête à tomber sur la tête du visiteur : on y a gravé un aigle qui tient un caducée dans ses serres. Il y a tout autour des niches où l'on célébrait les mystères de Baal. En face de celui-ci est le temple d'Héliopolis, plus majestueux que son voisin ; il est plus délabré ; il ne reste que six colonnes, qui sont là pour attester toute la noble perfection de ce travail ; elles ont 24ᵐ de hauteur et 6ᵐ 60 de circonférence. Elles supportent sur leur tête aérienne une architrave qui paraît ne se soutenir qu'avec peine à une si grande élévation. Si nous descendons dans les fossés, notre décamètre à la main, aidé d'un Arabe que nous faisons grimper sur les ruines, nous mesurons trois pierres d'égale dimension, d'un seul bloc, placées à dix mètres du sol, ayant dû servir de soubassement à des colonnes ; elles ont 19ᵐ 70 de longueur, 4ᵐ de hauteur, et comme il est impossible de mesurer la profondeur, supposez-la égale à cette dernière ; chacune d'elles cube 320 mètres, c'est phénoménal. Si je parlais des machines employées, je ne ferais que répéter ce qu'ont écrit bien des touristes. On trouvera des murs formés de blocs dignes de Titans ; il y a là huit ou dix pierres cyclopéennes. Je me sentis oppressé à la vue de pareilles masses; comment est-il possible que des hommes aient pu édifier de tels ouvrages? Ils travaillaient pour leur dieu, et la foi les soutenait; tant il est vrai que de tout temps on a été dévoré par le besoin de prier et d'adorer un être puissant sous une forme quelconque.

Ces temples ont été bâtis sous Antonin le Pieux, l'an 138 de notre ère. Les gens experts veulent y voir une époque de décadence à cause de la profusion des ornements; ils m'ont paru très-remarquables, et dussé-je être traité d'incompétent, il m'est permis de ne pas être de l'avis de ces fameux critiques, dont les uns répètent ce qu'ils ont entendu dire, et d'autres qui croiraient passer pour des profanes s'ils ne trouvaient à redire à leur tour... Il existe encore un petit temple circulaire; les assises semblent vaciller et prêtes à tomber; à ses pieds coule un petit ruisseau. Le village de Balbeck est habité par des pillards; on y trouve des Mutualis qui adorent des veaux... Rentrons à *l'hôtel*, la table est mise. Gibran nous sert un excellent dîner; j'en ai pris le menu à cause du lieu où il a été préparé, le voici : Potage gras au vermicelle, volailles bouillies, gigot aux pommes, friture et choux-fleurs, pudding, salade, dessert, café, liqueurs, vin excellent. Nous dormons avec délices; après une nuit de repos, nous partîmes.

A un kilomètre du village, nous voyons les carrières

d'où sont sorties les pierres qui ont servi à bâtir les temples ; il en existe encore une qui a, dit-on, plus de vingt mètres, qui est taillée sur trois faces ; elle adhère à la masse par le bas. Nous trouvons de la neige à la cime de l'Anti-Liban : à midi nous traversons un torrent rapide, dont les eaux arrosent les vertes prairies d'une vallée étroite ; nous déjeunons ; la pluie commence à tomber. Sept heures après notre départ de la cité des ruines, nous descendons à Zebdani, chez Abou-Mourad. Notre chambre est décorée avec des culs de bouteille enfoncés dans le mur et de la porcelaine brisée en morceaux. La pluie redouble. Le cuisinier arrive ; le dîner est vite prêt ; la neige tombe à gros flocons ; nous sommes forcés de rester ; nous allons de la chambre à la *cuisine*, et de celle-ci à celle-là ; nous fumons ; la table est notre distraction. Nous lisons un peu notre *Guide en Orient ;* nous faisons bon feu ; nous restons au lit ; l'eau filtre et dégoutte sur nous, car la toiture est en terre ; la neige continue de tomber ; il y en a deux pieds dans la cour. Nous voyons arriver des Américains avec des dames, ils viennent de Damas ; ils ont laissé un guide, en route, mort de froid. Enfin, la neige cesse, l'ennui pèse sur nous de sa main de fer. Arrivés le 1er avril à Zebdani, nous repartons le 6 pour Damas ; ce village doit être, par sa position, charmant en été ; plus nous avançons, moins nous trouvons de neige, elle disparaît tout à fait ; sur nos pas, des vallées riantes ;

puis un kan badigeonné en bandes bleues, blanches et rouges. Nous gravissons une petite montagne ; en vingt minutes nous sommes au sommet ; nous marchons sur des dalles glissantes, la route est ici taillée dans les rochers ; à droite, un tombeau, c'est la coupole des pèlerins ; en deux minutes nous franchissons cette espèce de canal, et, *tout à coup*, comme si un enchanteur nous levait un rideau, nous voyons au-dessous de nous Damas et l'immense désert qui s'étend jusqu'à Bagdad ; les minarets de la ville sainte des musulmans s'élancent dans les airs. La forme de la cité est celle d'un violon. Placée au milieu d'une oasis très-étendue, Damas, avec sa végétation sans pareille, nous apparaît comme une ville des *Mille et une Nuits ;* le soleil dore toute la campagne et fait ressortir les nuances diverses de tous ses arbres fruitiers en fleurs ; au loin, les sables amoncelés m'apparaissent semblables à des pyramides. Comme vue de terre, mes yeux n'ont jamais rien contemplé de pareil, jamais le plus beau décor d'opéra n'a frappé mes sens à un si haut degré : l'horizon s'étend sans bornes ; notre drogman nous montre la direction de Palmyre, où il est allé cinq fois : la description de M. de Lamartine est pompeuse, tout ce qu'il écrit à cet égard est encore, si j'ose le dire, au-dessous de la réalité. Descendons ; à gauche des mosquées en ruines, des chemins bordés de murs, nous entendons le tic-tac de plusieurs moulins ; les eaux du Barrada les mettent en mouvement ; partout des canaux provenant de cette rivière. Nous arrivons sur un grand chemin pavé en petits cailloux noirs et blancs ; franchissant une porte, nous entrons dans la ville ; les déceptions commencent, le rêve s'évanouit : les maisons, construites en pisay, n'ont qu'un étage sur rez-de-chaussée ; les rues sont pavées en dalles glissantes, couvertes avec du bois et des fagots. Pas une seule voiture, pas un Européen. Le Damasquin est fier et se croit de pure race ; il est élégant. Nous voici dans les bazars, nous les traversons à cheval ; il y a cohue, on s'écarte sur notre passage ; on nous regarde beaucoup ; de temps à autre on nous traite de chiens de chrétiens, mais peu nous importe. Le type de ce peuple est admirable : partout des hommes magnifiques ; ils ont une belle barbe ; leur physionomie est noble ; ils portent de larges turbans, de longues robes, de larges ceintures et des pardessus bordés de fourrures.

Ils fument le narguilé : nous parcourons ainsi Damas pendant une demi-heure, et nous allons à l'hôtel de Palmyre ; le maître parle français ; nos chambres ont des poutres dorées ; la maison a une grande cour avec un réservoir au milieu ; au fond, une pièce exposée au midi, et non fermée, entourée de divans ; on nous apporte du café, des glaces. Notre première visite est pour notre consul. M. de Barrère nous accueille comme des frères ; il sait faire respecter ses protégés dans cette cité fanatique. Du haut de la terrasse de son habitation, nous examinons Damas et ses alentours. C'est un vrai gentleman que M. de Barrère ; il a vécu longtemps au Caucase à la cour du prince Woronzoff : nous rentrons à l'hôtel accompagnés de ses janissaires ; ils nous précèdent ayant en main de longues cannes à pommes d'argent ; pareilles à celles des Suisses de nos cathédrales. Les Turcs s'écartent pour nous laisser le passage libre ; les employés du consulat, habillés comme les indigènes, portent la couleur verte, c'est la livrée de l'empereur. Les bazars sont beaucoup plus curieux que ceux du Caire ; on y trouve de très-belles pipes. Le kan du sultan Hassan est digne de fixer l'attention : il est hardi et bâti en pierres blanches et noires. Nous voyons les pères lazaristes. M. Guillot, leur supérieur, veut bien nous accompagner à la maison d'Ananie ; nous passons sous la porte Saint-Paul. J'examine deux pierres des murailles qui entourent Damas : sur l'une d'elles est un léopard, sur l'autre des fleurs de lis ; elles remontent au temps des croisades. Près de là est l'endroit où saint Paul fut descendu dans un panier ; à un quart d'heure de ce point dans la campagne, la place où il fut renversé de cheval, ce qui est contraire aux livres saints, qui disent qu'il était à moitié chemin de Jérusalem à Damas. Nous visitons quelques maisons de riches juifs ; l'intérieur est richement décoré, mais avec peu de goût ; partout de l'eau et du marbre ; rien au dehors n'indique le luxe de l'intérieur.

Sous la protection et en compagnie de notre consul, nous fîmes, précédés de ses janissaires, qui font retentir le pavé du bruit cadencé de leurs cannes, le tour de la mosquée du sultan Sélim, à l'intérieur du portique et à l'heure de la prière ; nous nous arrêtons même sur le parvis ; les croyans sont à genoux ; ils font leurs ablutions dans la pièce d'eau qui est au milieu de la cour ; nous n'entendons aucune insulte. Il y a dix ans, pareille audace eût coûté la vie à tout chrétien qui eût tenté même d'en approcher.

Il y a foule dans la plaine qui avoisine la mosquée, c'est un lieu de promenade ; la variété des costumes et leur richesse font plaisir à voir. Nous entrons dans des cimetières aux tombes peintes en rose ; de près c'est affreux, à quelques pas l'ensemble est du meilleur effet. Nous voyons les bazars des selliers, et, à côté de ceux-ci, un platane dont le tronc a douze mètres de tour.

Damas a une grande réputation pour ses lames ; depuis plusieurs siècles on n'en fabrique plus ; c'est une duperie d'acheter n'importe quelle arme dans ce pays. Sa population est de 150,000 âmes. Il faut huit jours pour aller de Damas à Palmyre ; ce voyage est des plus dangereux. Les tribus maîtresses du désert sont puissantes ;

l'une d'elles peut mettre vingt mille cavaliers sur pied. De Damas partent les grandes caravanes pour la Mecque, qui sont pillées souvent ; celles de Bagdad subissent le même sort.

Nous quittons ce beau pays, et, le soir, nous couchons à Dimas ; nous parcourons toute la largeur de l'Anti-Liban ; les chemins sont affreux ; la route n'est pas sûre. Après avoir passé la plaine de Bekaa, nous arrivons au pied du Liban, à un petit hameau appelé Maxé, non loin du château féodal dont j'ai déjà parlé avant d'arriver à Zharlé.

Nous traversons les cimes neigeuses de ces hautes montagnes, et, six heures après, nous arrivons à Beyrouth. Notre excursion avait duré quinze jours ; nous réglons notre monde ; ils réclament des certificats que nous leur donnons avec plaisir. Michel, qui est depuis un mois à nos ordres, voit arriver à regret l'heure de la séparation ; il nous avoue que deux voyages pareils chaque année apportent dans son intérieur le bien-être ; je le crois ; il a des primes sur tout ; il est largement payé ; il est nourri, et il est habile.

Après avoir célébré Gâtines à Beyrouth, nous partîmes sur *le Mentor* pour aller à Constantinople. Si la machine du bateau n'est pas de forte puissance, il y a du bonheur à dormir dans ses cabines ; pas le moindre craquement. La mer est belle ; nous voyons Tripoli, Lattakié, et passons une journée dans le golfe d'Alexandrette. Ici, dit-on, Jonas fut vomi par la baleine.

Le Taurus, aux cimes blanchies par la neige, est près de nous ; derrière sont les plaines d'Issus, où Darius fut battu par Alexandre ; nous passons près du fleuve Cydnus, où le grand conquérant se baigna ; cette imprudence faillit lui coûter la vie. Nous arrivons à Mersina ; dans le lointain se dressent des rangées de colonnes, ce sont les ruines de Séleucie et de Pompéiopolis ; nous longeons les rivages de la Caramanie ; après avoir traversé le golfe d'Adalie, nous doublons le cap Amanour et naviguons sur les rivages de l'Anatolie. Enfin, après six jours de mer, nous sommes à Rhodes : la ville est bâtie sur le penchant d'une colline ; nous y pénétrons par une belle porte flanquée de deux énormes tours : les maisons de la rue des Chevaliers sont basses ; au-dessus de la porte de chacune d'elles je remarque des écussons avec les armes des chevaliers de Saint-Jean de Jérusalem ; je la parcours dans toute sa longueur, et je vais à l'église Saint-Jean, jadis consacrée au culte catholique et aujourd'hui devenue une mosquée ; nous voyons une seconde porte au-dessus de laquelle je lis *d'Amboise*. Les fortifications sont belles. En vain je cherche l'emplacement du fameux colosse, on ne peut me l'indiquer. Sur nos pas, quantité d'énormes boulets en pierre ; de la propreté partout. Nous reprenons la mer ; nous allons pénétrer dans l'Archipel ; quel temps calme ! A la nuit venue, nous passons le difficile détroit de Cos ; Cos, où sont nés Hippocrate et Apelles. Le lendemain de bonne heure, je suis sur le pont ; le soleil se montre radieux ; j'assiste à la toilette du navire ; on le lave avec soin, on polit les cuivres.

Assis à la poupe, je hume avec délices la brise matinale et embaumée qui m'arrive des côtes de l'Asie Mineure. Voilà Sicamina. A quatre milles au loin j'aperçois une perche placée sur une roche à fleur d'eau, puis le cap Baba, où est un joli fort blanchi, d'où s'élancent deux minarets et où je vois tourner trois moulins à vent. Nous avons passé non loin de Samos, qui fut le berceau de Pythagore, où se réfugia Hérodote, et de Pathmos, où saint Jean écrivit l'*Apocalypse;* nous aperçûmes Chio, qui se vante d'avoir donné le jour à Homère ; Chio, célèbre par les massacres que les Turcs y exercèrent, en 1822, sur toute la population qui voulait être indépendante ; puis Nicaria, et, entre ces deux îles, le rocher à pic de Venetico, semblable à un immense pain de sucre. Nous doublons un cap que les tambours du sage *Mentor* semblent presque raser ; mais, en mer, les distances sont trompeuses. Éphèse, où mourut la Vierge, n'est pas loin d'ici ; nous ne perdons pas de vue un seul instant les côtes d'Asie. Depuis Rhodes je crois être dans d'immenses bassins ; le soleil est éblouissant ; voilà Tschesmé, le cap Blanc. De temps à autre quelques sacolèves, ou petites barques du pays, naviguant d'une île à l'autre, passent près de nous. Une haute montagne s'élance au loin dans les airs, c'est Karabournou ; à ses pieds était jadis Phocée, dont une colonie fut fonder Marseille ; en face, les Spalmadores, réceptacle de pirates, et port dont les eaux sont, dit-on, tellement claires qu'on croirait toucher le fond ; puis Métélin, la plus grande des îles de l'Archipel, qui produisait deux cent mille quintaux d'huile. L'hiver de 1847 à 1848 détruisit tous les oliviers, qu'on coupa au pied ; les malheureux on à attendre quinze ans avant qu'ils puissent avoir de nouvelles récoltes. Aivali, qui est sur la terre ferme d'Asie, eut à subir le même sort. A vingt-huit milles du cap Blanc, nous passons près de celui de Karabournou ; nous voyons l'île Anglaise, celles d'Ourlac, et, dans le lointain, la montagne des Trois-Mamelles ; nous sommes dans le golfe de Smyrne. La manœuvre devient ensuite difficile, il faut prendre le fil de l'eau à cause des sables amoncelés à certains endroits. *Le Rolland*, qui porte le prince Napoléon, s'est échoué non loin de nous; plus heureux que lui, nous naviguons sans accidents ; nous passons près d'un fort, et nous jetons l'ancre dans le port. Smyrne est dans une position charmante; si Damas est la perle de l'Orient, elle est la reine de l'Anatolie; bâtie en amphithéâtre sur le penchant du mont Pagus, dominée par

un château fort, elle se prélasse au pied d'un bois de pins.
La rue des Roses est bordée de petites maisons basses,
peintes de couleurs diverses. Les bazars sont moins beaux
que ceux de Damas. Je me garde bien d'aller faire une
promenade au-dehors, on court le risque d'être séques-
tré, et rendu moyennant une bonne rançon, et quelquefois avec les oreilles de moins. Il y a de la vie sur les
quais ; ce séjour doit avoir de l'attrait, c'est la Florence
de l'Asie Mineure.

Nous remontons sur *le Mentor*, dont le pont est encombré par des bacchi-bozouks. Quelles troupes, grand
Dieu ! Ils ont avec eux leurs prêtres qui les encouragent à
danser de la manière la plus indécente; le tambour porte
un chapeau pointu en fer-blanc, semblable à un entonnoir
renversé, avec des glaces autour et trois queues de re-
nard en guise de plumet. Ce doivent être des pillards de
la pire espèce; un de nos régiments de zouaves battrait
cent mille de ces indisciplinés. On leur a retiré leurs fusils,
mais ils ont leurs poignards; ce doit être leur arme favorite. Au milieu de la nuit nous arrivâmes à Métélin; au
crépuscule j'étais sur la dunette ; sauf les hommes de
quart, tout dormait à bord Voilà les montagnes des
Trois-Frères; à ma droite, quelques ruines au milieu de
bois de chênes ; ce sont les restes de la Troie d'Alexandre.
En face, le tumulus de Patrocle, celui d'Achille ; derrière
eux s'étendait jadis Troie, fameuse par son long siége ; près

de là coule le Xanthe et le Scamandre : me voilà donc bien près de cette terre immortalisée par Virgile et Homère.

> Littera tum patriæ lacrymans, portusque relinquo
> Et campos ubi Troja fuit.

Si je promène mes regards du côté opposé, j'aperçois Ténédos, entourée de murailles et protégée par un fort.

> Est in conspectu Tenedos notissima fama
> Insula, dives opum, Priami dum regna manebant,
> Nunc tantum sinus, et statio malefida carinis.

En effet, c'est une rade peu sûre ; à côté de la plus grande des îles Lapins, *le Friedland*, vaisseau de cent vingt canons, faillit se perdre il y a quelques mois.

Je promène mes yeux de Ténédos sur les rives de la Troade ; les souvenirs classiques m'assaillent ; le deuxième livre de *l'Énéide* me revient à la mémoire.

Avançons, voilà le petit îlot de Gadronessi et les îles de Samotraki et d'Imbros ; plus loin, la baie de Bezika, où stationna notre flotte avant de pénétrer dans les Dardanelles pour aller porter nos braves sous les murs de Sébastopol...

Ici, les terres se resserrent, nous sommes dans un large canal protégé des deux côtés par un château fort : c'est le détroit des Dardanelles, l'Hellespont des anciens :

à droite, l'Asie ; à gauche, l'Europe, terre de prédilection pour nous, terre que foulent ceux qui nous sont chers, terre de civilisation qu'il nous tarde de toucher ; mes yeux ne peuvent s'en détacher. Nous nous arrêtons au village qui porte le nom du détroit : ici, dit-on, Xerxès fit jeter le pont de bateaux où passa son armée, forte de deux millions d'hommes. En trois heures, nous atteignîmes Gallipoli, située à l'entrée de la mer de Marmara. Au haut d'une tour en ruines flotte le drapeau tricolore ; quatre vaisseaux de lignes français et nombre de nos frégates sont à l'ancre ; il y a dans ses eaux des navires anglais ; la mer est sillonnée de chaloupes. Nous descendons à terre.

Sur nos pas, les braves soldats de la France : il y a là du génie, de l'artillerie, du train des équipages, des officiers généraux, des uniformes anglais ; voilà bien mon pays, se montrant partout. On nous désigne aux environs le lieu où campent nos soldats. La ville est sale, mal bâtie en bois ; il n'y a pas de femmes dans les rues, les Turcs les ont toutes fait partir pour les côtes d'Asie. Nous regagnons *le Mentor*, à la nuit venue ; la vapeur nous emporte de nouveau. Au soleil levant je quitte ma cabine, et, la lunette à la main, je cherche à distinguer Constantinople ; peu à peu les minarets se détachent au fond du tableau, le dôme de Sainte-Sophie, que fait briller le soleil, m'apparaît splendide ; puis je double la pointe du sérail. J'entre dans le Bosphore ; l'ancre roule, je suis dans la Corne-d'Or. Toutes les descriptions, au sujet de cette cité, sont au-dessous de la réalité ; sa vue me saisit, c'est un ensemble féerique : ce sont des minarets sveltes qui partent des flancs des mosquées et prennent leur vol aérien ; c'est un coup d'œil indescriptible ; comme vue de terre, Damas est sans pareille, mais rien n'est beau comme Constantinople vue de la mer. Je comprends combien cette ville a tenté la convoitise des conquérants ; je comprends le désir de Nicolas de la posséder. Cité unique, assise sur les penchants de ses collines boisées, elle est là, dédaigneuse et paresseuse, baignée par le Bosphore, se prélassant en reine ; ville de mystères, elle charme, elle fascine ; mes yeux pétillent à l'aspect de tant de magnificences. Ah ! si nous pouvions garder nos illusions ! mais le rêve va finir ; il faut descendre à terre...

Nous prenons place dans un caïque. Cruelle déception que la mienne ! les rues sont sales. Gravissant une côte à pente rapide, nous sommes à l'hôtel d'Europe ; avec peine on nous donne une chambre ; les prix sont excessifs ; le propriétaire, ayant son pouce dans l'échancrure de son gilet et faisant jouer ses autres doigts sur l'étoffe, nous regarde en fredonnant. *A prendre ou à laisser*, nous dit-il. Nous passons sous les fourches caudines de la nécessité, et nous entrons.

Péra est une *rue française :* il y a trois églises catholiques, dédiées à saint Antoine, à sainte Marie et à la sainte Trinité. L'ambassade de Russie est fort belle; celle de France est aussi dans ce quartier. Le général Baraguey-d'Hilliers nous reçut avec cette bonté qui le caractérise; quoique haut placé, son abord est facile; nous aimons à nous rappeler sa bonne réception. Galata touche Péra; il faut descendre et monter pour y arriver; les rues sont boueuses, pavées de grosses pierres, les maisons basses; partout des déceptions; pas de voitures; Tophana est située au pied du Bosphore; la place de ce nom est petite, les fontaines qui la décorent sont belles; le bureau de la police, avec sa galerie couverte, supportée par ses colonnettes de marbre, est d'un bel effet; il y a là une fonderie de canons, j'en ai vu deux ornés de fleurs de lis, qui portent les noms d'*Ouragan* et d'*Offenseur*, gravés sur le bronze; ils sont montés sur leurs affûts. On lisait en outre : *Ultima ratio regum, nec pluribus impar.*

Je pris place avec un guide dans un caïque; c'est la barque du pays, élégante pirogue 'e dix mètres de longueur sur quatre-vingts centimètres de largeur, décorée avec soin, mais si svelte, qu'il faut s'y asseoir avec précaution, ne faire aucun mouvement, se garder même d'aller chercher son mouchoir dans sa poche, ni d'éternuer, sous peine de chavirer; l'immobilité est indispensable ; à ces conditions vous filerez comme un poisson. En moins d'une demi-heure nous étions à Scutari : après avoir traversé le Bosphore, nous allons visiter une vaste caserne où sont logés huit mille Anglais : elle a deux cent cinquante mètres sur chacune de ses faces. On vous montrera le cimetière et ses beaux cyprès, quelques-uns ont 3^{m}50 de circonférence ; on vous fera remarquer le tombeau du cheval favori du sultan Mourad : c'est une rotonde supportée par six colonnes. Quelle abomination ! Là, où reposent des hommes, élever un pareil mausolée ! Quel mépris pour ceux qu'on gouverne ! Quelle lâcheté de supporter un pareil scandale !

Nous abordâmes à la pointe du sérail ; on nous montra la cour où a lieu le départ de la caravane qui se rend à la Mecque. Les appartements du sultan sont simples ; on y trouvera des pendules de chez Leroy, des batailles de Napoléon et des meubles de Paris.

Nous pénétrons dans une seconde cour, puis dans une troisième, où nous examinons d's sarcophages placés derrière une grille, qui proviennent du temple de Diane à Éphèse. Il me tardait de sortir de ce lieu témoin de tant de crimes, que les sultans n'habitent plus de nos jours. Au dehors est une belle fontaine, en face de Sainte-Sophie, avec sa coupole écrasée et ses minarets élancés. Pénétrons dans la mosquée, mettons en dessous de nos chaussures des babouches, c'est de rigueur. Un vestibule dans le genre de celui de Saint-Pierre de Rome précède cette ancienne église, jadis consacrée au culte catholique : elle est moins grande que le dôme de Milan ; partout des colonnes en vert antique, en porphyre, en albâtre ; des croix effacées, des figures de chérubins à la face couverte ; à droite et à gauche d'une petite chaire, deux tribunes à colonnettes qui sont charmantes. Le chœur est éclairé par six grandes fenêtres, ornées de beaux vitraux ; il y a là des colonnes superbes provenant des temples du Soleil de Balbeck, et de celui de Diane à Éphèse. A droite et à gauche de l'autel, voyez deux énormes cierges qui ont un mètre de circonférence ; faites-vous montrer la trace de la main du prophète appliquée sur un pilier ; arrêtez-vous devant une colonne transparente où vous verrez un trou de dix centimètres : il a été fait avec les mains des vrais croyants, qui ont la ferme conviction qu'en la touchant et de là portant leurs doigts aux yeux, ils guérissent leurs ophthalmies : *la foi sauve l'âme*. Sur le sol, des tapis de Smyrne, *à prières*. Des galeries, la mosquée paraît plus imposante ; le dôme frappe par sa hardiesse et son élégance, mais l'architecture de cet édifice, prise en détail, me paraît au-dessous de l'idée que je m'en étais faite. Rien ne prête à la prière comme nos admirables cathédrales gothiques. Considérez, en sortant, les portes en bronze et la croix cassée qui est au-dessus d'elles. Le tombeau du sultan Achmet est près de Sainte-Sophie ; la mosquée qui porte son nom est la seule, de tout l'Orient, qui ait six minarets : quatre piliers de dix-huit mètres supportent la coupole ; la chaire est une copie exacte de celle de la Mecque. L'ancien hippodrome est une grande place ornée d'un obélisque, d'une colonne jadis revêtue de cuivre, où étaient gravées les victoires de Constantin, et du piédestal qui supportait le trépied de l'oracle de Delphes. Après avoir suivi une longue rue droite, on atteint la mosquée du sultan Méhémet. Avant d'y arriver, visitez le tombeau de Mahmoud, coûvert d'un drap de velours rouge en brocart, de châles de cachemire d'un grand prix et surmonté du tarbouch, avec une aigrette de plumes d'autruche, qui est retenue par un soleil de diamants. On y voit aussi le tombeau de ses nombreuses femmes, de ses filles et de la sultane Validé. Nous apercevons la colonne de Constantin, autrefois surmontée de la statue du puissant empereur ; elle fut brûlée par Mahomet. La mosquée du sultan Biazet est près de nous ; nous voyons avec intérêt celle de Solimanyeh, avec ses quatre piliers énormes, ses belles colonnes de porphyre et les vitraux chinois donnés au roi de Perse, qui en a fait cadeau au sultan. Vous y verrez les malles des nombreux pèlerins qui sont à la Mecque, et qui déposent là leur fortune ; c'est une bonne pensée que de mettre son avoir dans un tel lieu.

Nous considérons la *Sublime Porte* qui a donné son

nom à l'empire, elle n'est pas sublime du tout. Les bazars en sont très-curieux, plus beaux que ceux de Damas; les magasins de chaussures sont charmants, ceux des armes bien dignes d'être visités. On trouvera chez Ludovic tout ce qu'on peut désirer, surtout de vrais tapis de Perse. Aux amateurs de bouts d'ambre, de pipes et d'autres objets plus ou moins turcs, je leur dirai : Si vous ne tenez pas à acheter des produits du pays dans le pays même, si vous voulez éviter les ennuis d'emballage, de douane, etc., vous trouverez à Paris, au Palais-Royal, près de la galerie vitrée, un magasin parfaitement pourvu de ces objets. Je comprends, du reste, le plaisir qu'éprouve le touriste à orner son cabinet de ces petits riens qui lui rappellent d'heureux moments et d'agréables souvenirs. On boit, dans les bazars, d'excellents rafraîchissements; il y fait très-frais. Ils sont situés dans la partie de la ville appelée Stamboul, où les Européens ne peuvent résider. Pour revenir à Galata, qui est en face, je traversai la Corne d'Or, sur le pont Neuf, ainsi appelé parce qu'il est vieux; il peut avoir trois ou quatre cents mètres de largeur. Je parcourus des quartiers sales; je montai au haut de la tour de Galata, d'où je pus jouir d'un délicieux point de vue.

C'était par une tiède soirée, presque au déclin du jour, par un soleil encore brillant, que je montai sur un léger bateau à vapeur pour aller naviguer le long du Bosphore; l'air était embaumé; Scutari se montre coquette de l'autre côté du détroit. Stamboul et ses forêts de flèches m'apparaissent dans toute leur splendeur ; le canal est sillonné de caïques ; la Corne d'Or est encombrée de navires ; partout du mouvement ; la nature, fatiguée de son long repos de l'hiver, semble s'épanouir avec joie ; elle étale sa végétation nouvelle ; ses arbres se remplissent de feuilles. Nous voilà partis, nous longeons le nouveau palais du sultan, celui qu'habite le prince Napoléon, au pied duquel *le Rolland* est à l'ancre. Les collines sont boisées ; elles portent gracieusement dans leurs flancs mousseux des pins, des cyprès. En une demi-heure nous passons au-dessous d'une tour ronde, crénelée, blanchie à la chaux ; c'est un château fort sur la rive d'Europe. En face, tout près des eaux douces d'Asie, s'en élève un autre. Si on examine avec soin les maisons qui bordent le canal, on les trouvera d'un aspect délabré, mais il faut admirer l'ensemble. Plus loin, le palais de Reschid-Pacha ; plus bas, à droite, le mouillage de Beikos, où stationna la flotte commandée par l'amiral Hamelin. Le bateau s'arrête devant le palais de Mustapha-Pacha ; en un instant nous sommes à Thérapia, cité délicieuse où l'ambassadeur de France a son palais d'été ; nous y passons quelques heures, et nous prenons un caïque qui nous conduit à Buyukdéré. Nous montons à cheval pour aller faire une promenade dans la forêt de Belgrade ; nos bêtes sont de race pure aux belles formes. Voilà un bel acqueduc à vingt arcades, des arbres en fleurs de la plus belle venue ; la forêt est immense ; les rossignols chantent avec mélodie. Deux guides nous précèdent. Quel charme à cette course ! Nous arrivons au bassin du sultan Mahmoud, à celui de la sultane Validé : ils sont formés par de hautes chaussées en marbre, jetées d'une colline à l'autre ; ils alimentent d'eau Constantinople. Après quelques heures dont l'agrément ne peut se traduire, nous rentrons à Buyukderé. Nous repartons : la flotte égyptienne est au mouillage ; on dit que les marins qui la composent sont malades à la mer. Nous passons tout près de la mer Noire, à l'entrée de laquelle sont deux châteaux qui protégent l'entrée du Bosphore. La côte d'Asie me paraît merveilleuse ; nous la suivons. Je passe près du palais d'Abbas-Pacha, vice-roi d'Égypte, et je vais aux eaux douces. Le site est beau, mais ne me captive pas ; il y a des moulins et des fabriques de poterie. Nos rameurs nous mènent vigoureusement et nous déposent devant le palais du sultan. La grande salle est seule magnifique, le restant est petit, mesquin, les corridors sont étroits, les plafonds bas, la cour peu grandiose, la grille trop frêle, la façade irréprochable. Le Bosphore baigne les marches du palais ; en naviguant au milieu de ses eaux on aperçoit les personnes qui sont aux croisées, sur chacune des deux rives. La plume est impuissante à dépeindre les charmes des eaux douces d'Europe ; il y a toujours là une société élégante ; on y respire un parfum oriental ; les femmes turques, voilées pour la forme, viennent y montrer leurs beaux yeux, et s'y rendent en chars dorés traînés par des bœufs ; c'est l'idéal du *farniente*, le rendez-vous du monde élégant.

— Tous les vendredis, le sultan va faire ses prières à une mosquée ; on sait d'avance le lieu où il passera. J'étais désireux de voir de près le chef des croyants, et je fus prendre place sur son passage : la troupe de ligne formait la haie ; une musique assez bonne jouait par intervalles ; quelques voitures à deux chevaux circulaient. Puis il se fit un mouvement, nous vîmes s'avancer au pas un nombreux cortége, et, au milieu de ce groupe, Abbdul-Mejjil, portant un petit manteau et un tarbouch surmonté d'une aigrette. Il montait un magnifique cheval. Il était pâle ; sa physionomie manque d'énergie. Il nous regarda d'un œil fixe : nous avions nos chapeaux à la main. Il avait autour de lui les grands officiers de la couronne ; d'affreux nègres, entre autres le chef des eunuques noirs, portant une grande décoration en brillants sur la poitrine. Ah le crétin ! quelle différence avec l'état-major de notre empereur ! Le peuple turc est le même partout, c'est l'indolence personnifiée. Souvent, à la nuit venue, je m'asseyais sur une toute petite terrasse contiguë à ma chambre ; j'avais, vis-à-vis de moi, une colline couverte de petites maisons en bois, peintes de diverses couleurs ; du milieu de beaucoup d'entre elles s'élançaient de hauts cyprès, quelques minarets luttant de taille avec ces arbres, et, au haut de ceux-ci, j'entendais distinctement la voix du muetzin appelant les croyants à la prière. Peu à peu les habitations s'éclairaient; il y avait dans l'air quelque chose d'embaumé qui faisait croire au bonheur parfait. Le Bosphore, couvert de navires, me montrait ses eaux calmes et argentées, et, dans le lointain, j'apercevais les hautes montagnes de l'Olympe. Je passais là des heures entières en contemplation : petit à petit le ciel se remplissait d'étoiles, la lune éclairait de sa couleur suave ce panorama, et je rêvais en silence, en aspirant la fumée du latakié. J'avais presque fini par comprendre l'apathie des Turcs et le charme du *farniente* dans ce bel Orient. Les heures s'envolaient légères, et la mollesse finissait par me gagner ; ce silence était seul troublé par les cris des chiens et par les gardes de nuit frappant le pavé de leurs cannes ; la nature semblait dormir aussi avec délices. Tout est beau à Constantinople, l'aspect des lieux, la mer, le climat, la ville seule ne répond pas à l'idée qu'on s'en était faite : mais où trouver au monde une position pareille ? toute description de ma part serait imparfaite......

J'étais, un soir, plongé dans mes rêveries, quand je fus averti qu'un incendie considérable venait de se déclarer auprès des bazars, de l'autre côté de la Corne d'Or, j'y courus. Je traversai Péra, Galata, et, arrivé en face du lieu du sinistre, je restai saisi à la vue de l'horreur sublime qui s'offrit à mes yeux. Tout un quartier était devenu la proie des flammes ; le feu se jouait des minces habitations où il avait pénétré ; j'entendais craquer les planches dont elles étaient construites, les flammes s'élevaient furieuses, la mer en était éclairée, et je pouvais distinguer les navires à l'ancre. Admirable chose que ce spectacle, gravé pour longtemps dans ma mémoire ! Je passai le pont de bois qui relie Galata à Stamboul et traversai la Corne d'Or ; les malheureux incendiés déposaient tranquillement pêle-mêle sur une place publique leur mobilier et leurs effets ; pas un cri n'était poussé, je n'entendis pas une plainte, je ne fus pas témoin d'une larme ; et, cependant, la fortune de beaucoup d'entre ces gens-là était anéantie. Le feu gagnait du terrain avec une effrayante rapidité. Je vis un minaret devenir à son tour la proie de l'incendie. Jamais pièce d'artifice de Ruggieri ne m'a produit pareil effet. Puis je le vis s'écrouler. Nos marins arrivèrent en toute hâte, ils portèrent partout leurs secours énergiques ; ils firent la part du feu, et le foyer fut circonscrit. S'il eût fait du vent, les dommages eussent été incommensurables.

Comme les plaisirs en ce monde côtoyent les afflictions, j'assistai le lendemain à une soirée brillante chez le général Baraguey-d'Hilliers, où je vis le maréchal Saint-Arnaud, le prince Napoléon, lord Raglan, des amiraux, des ambassadeurs, des officiers anglais, presque tous les pachas au costume riche, et une société d'élite.

Il y a à Constantinople beaucoup de chiens dans les rues; je les croyais plus amateurs de mordre dans les mollets des Européens; j'usai de précaution en passant à leurs côtés, et pas un d'eux ne me parut décidé à goûter de la chair d'un chrétien. Cependant ils ont un air féroce; ils sont horriblement maigres, et si nombreux qu'ils doivent mourir de faim; ils ressemblent à des loups. Il est défendu de les tuer, et, chose étonnante, l'hydrophobie est inconnue dans ces pays-là; s'il en était autrement et si l'on persistait à les laisser vivre, *tous les Turcs mourraient enragés.*

On parle un peu le français, mais ici, comme dans toutes les échelles du Levant, la langue italienne est la plus répandue. La monnaie de notre pays a cours; le napoléon d'or valait à cette époque 120 piastres, c'est-à-dire moins de 18 francs; on paye en papier, dont il ne faut pas trop charger; la douane se montre assez difficile, mais on arrange tout avec de l'argent. Ce pays a une organisation pitoyable, il a besoin d'être régénéré. Cette besogne si utile me paraît bien difficile : les Turcs se tournent vers la Mecque... crient Allah!!! et tout est dit pour eux... la fatalité.. voilà leur dernier mot.

Je m'embarquai sur *le Louqsor*, je traversai la mer de Marmara, je revis Gallipoli, les Dardanelles; je longeai une seconde fois les côtes de Troie, laissant à droite

Lemnos, et, plus au loin, dans la brume, le mont Athos, que je n'ai aperçu qu'imparfaitement. Nous avions un temps magnifique, la mer était calme et belle; en trente-six heures nous étions en vue d'Athènes; le soleil levant éclairait le Parthénon; nous côtoyions les ports de Phalère, de Munichie, laissant Salamine à gauche, et nous arrivions au Pirée. Nous eûmes une quarantaine de vingt-quatre heures à subir; on nous fit payer bien cher notre mauvais matelas et notre dîner. Nous mîmes une heure pour atteindre Athènes par une belle route; après avoir suivi la rue Hermès, celle d'Éole, nous primes gîte à l'hôtel d'Europe, où l'on nous servit à déjeuner, entre autres mets, du miel de l'*Hymette*, qui est excellent et parfumé. Je pris un guide, et je parcourus la ville, qui ressemble à une de nos préfectures de France de troisième ordre. Les hommes ont une taille svelte, ils sont grands; leur costume est charmant. Je n'aime cependant pas la fustanella, espèce de jupon blanc aux centaines de plis, mais la veste et la guêtre sont vraiment belles. Les femmes sont à ravir avec la grecque sur le côté de la tête. Les modes de Paris ont fait irruption à Athènes, le costume national tend à disparaître. La rue Royale est assez large, mais triste. Le château du roi Othon est sans caractère et ressemble à une grande caserne, la position seule est agréable. Tout près de là est le temple de Jupiter Olympien, il est d'ordre corinthien, ses colonnes sont cannelées, il en reste quinze debout ; une colonne jonche le sol de ses assises, elle fut renversée par une tempête il y a six à huit ans. Ce monument, quand il était conservé, devait être magnifique, il fut commencé 550 ans avant l'ère chrétienne et fini sous Adrien. La couleur du marbre a pris une teinte dorée que revêtent seuls les monuments de l'Orient. Tout près de là coule l'Ilissus, le fameux Ilissus tant chanté par les poëtes, modeste ravin s'il en fût ; veuf de la plus petite goutte d'eau, on traverse son lit presque toujours à sec, sur un pont à trois petites arches. Ou les choses ont bien changé, ou les anciens étaient un peu *gascons*. Quand on voit les lieux dont ils ont parlé et dont nos imaginations étaient bercées au collége, on s'attend à moins de désillusions. Mais il faut reconnaître aussi, malgré leurs exagérations, que le souvenir d'un peuple ne meurt jamais quand il a eu des historiens comme Hérodote, Diodore de Sicile, Homère ; leurs récits séduisent et charment. Si nos grands hommes de l'Occident avaient des chantres tels que Virgile et l'auteur de *l'Iliade*, on prendrait quelques-uns d'entre eux, dans les siècles à venir, pour des dieux. Napoléon trouvera-t-il le sien ? nouvel Alexandre, je souhaite à sa mémoire un nouveau Quinte-Curce ; aussi grand que César, son nom ira à la postérité la plus reculée.

Le Stadium est près du temple de Jupiter ; c'était jadis un lieu remarquable.

Pour aller au Parthénon, nous traversâmes l'arc d'Adrien, bâti de marbre et orné de colonnes d'ordre corinthien ; cet édifice est encore d'un bel effet et bien conservé. Nous gravîmes la montagne et nous arrivâmes au pied de l'Acropole, au haut de laquelle se trouvent les monuments que je vais tâcher de décrire ; elle est environnée de murailles avec des contre-forts. On traverse les Propylées, c'est-à-dire l'entrée naguère découverte par M. Beulé ; on monte une rangée d'escaliers en marbre. A droite est une tour démantelée, et à côté d'elle le délicieux et ravissant petit temple de la Victoire ; à gauche est la Pinacothèque ; sur la plate-forme le Parthénon, ou temple de Minerve et citadelle d'Athènes ; le péristyle est conservé, ainsi que l'attique qui le surmonte ; les colonnes, les pierres jonchent la terre ; partout des sculptures d'une valeur artistique inappréciable, partout des torses, des figures d'une expression indicible, partout l'art poussé à sa dernière limite. Le temple est un peu élevé au-dessus du sol ; on y arrive en montant quatre ou cinq rangées de larges dalles, les colonnes reposent sur la dernière d'entre elles, sans soubassement ; elles sont d'ordre dorique et cannelées ; celles qui sont debout sont tellement simples, mais de cette simplicité de bon goût et de grand style, qu'on ne peut se lasser d'admirer et leur légèreté et leur élégance. C'est bien ce que l'architecture a produit de plus beau, et ce travail n'a encore pu être égalé, il est là, on n'a qu'à le copier, et il sera le désespoir de nos architectes présents et futurs ; c'est qu'au dire même des gens de l'art les plus habiles, le Parthénon est inimitable, c'est un chef-d'œuvre exceptionnel, défiant toute critique, sorti comme un jet du génie humain. Je ne me laisse guère séduire par les pompeuses descriptions, j'écoute peu les voyageurs exagérés, et moins encore ceux qui font les blasés ; mais au Parthénon je fus saisi. Édifié par Périclès, il eut pour architectes Ictinus et Callicrate, bâti en marbre, d'une couleur dorée au dehors, les morceaux de colonnes qui gisent par terre, sont de la plus éclatante blancheur sur le plat des assises ; il n'est ni grand ni élevé, mais ses proportions sont si bien gardées, il y a tant d'harmonie dans l'ensemble, tant de précision dans l'assemblage des assises, qu'on finit par être émerveillé ; il y a un double portique aux deux façades, il n'y en a qu'un aux deux côtés. Phidias s'est immortalisé au Parthénon, il a ciselé des bas-reliefs qui attirent les maîtres ; à l'intérieur, il a sculpté une procession en l'honneur de Minerve ; il avait fait en or et en ivoire une statue de cette déesse, haute de vingt-six coudées; on l'accusa plus tard de s'être approprié une partie du métal, mais le grand artiste l'avait placé de manière à ce qu'on pût le détacher, il confondit ainsi ses accusateurs. Tout près de là est le temple d'Érecthée; admirez les cariatides qui le supportent; celle qui fut enlevée par lord Elgin, *un l'an-*

dale, vient d'être remplacée par les soins de l'école de France à Athènes. Ce fut ici que Minerve, frappant la terre, fit sortir un olivier, et Neptune l'eau de la mer : cette querelle entre les deux divinités fut vidée par les dieux, qui donnèrent à la déesse le territoire de l'Attique, dont elle devint la protectrice.

Visitez un petit musée où sont conservés de précieux objets d'antiquité. Si nos yeux se tournent vers Athènes, nous voyons au levant le mont Hymette, le Pentélique, d'où sont sortis les marbres qui ont servi à édifier tous les monuments d'Athènes, marbres qui ajoutent à la majesté des édifices par leur finesse et leur conservation. Si nous allons nous appuyer sur une des colonnes au couchant, notre vue embrasse la ville dans son entier : elle s'étend à nos pieds. Au loin, le Parnasse nous montre ses cimes couvertes de neige ; nous voyons la citadelle de Corinthe placée en haut de l'Acro-Corinthe ; nous avons devant nous l'île de Salamine, les ports de Phalère, de Munichie et le Pyrée. Au large on nous montre l'école de Platon et on nous désigne le cours du Céphise ; et, maintenant, mettez-vous à ma place, et arrachez-vous, si vous le pouvez, d'un pareil lieu. Comment se décider à quitter cette colonne, où, votre tête nonchalamment appuyée, et où, les bras croisés et l'âme rajeunie, votre œil, désireux de voir de nouvelles choses, perce l'espace. Représentez-vous un soleil radieux, répandant sa brillante clarté sur tout ce qui vous environne, refaites l'histoire de ce peuple, et vous vous direz si je devais être heureux !

Je voyais d'ici Xerxès assistant au combat de Salamine ; les héros de Platée, de Marathon défilaient sous mes yeux ; l'ombre des braves des Thermopyles m'apparut. Qu'on se sent fier dans ces moments de douces illusions ! qu'on aime à laisser égarer son imagination ! La mienne prendrait facilement ses ébats si je ne lui mettais un frein : mais quelquefois elle franchit l'espace et je la laisse libre ; alors elle se plaît à grandir les objets, et quand elle s'attaque à ce qui est vraiment beau, vraiment grand et vraiment illustre, elle s'y complaît, elle s'y prélasse, et avec peine elle abandonne son sujet ; il fallut la calmer, elle dépassait les bornes cette fois... Avant de quitter ma place, mes pensées montèrent vers Thémistocle, vers Miltiade... Que Léonidas me parut grand ! qu'Aristide me parut juste !... Quels auteurs que Sophocle, qu'Euripide et qu'Eschyle !... Quels noms que ceux d'Homère et de Démosthène !... Quels génies que Platon et Aristote !... Quels artistes que Phidias et Praxitèle !...

Occupée par une colonie égyptienne, la Grèce vit apparaître avec elle le germe de la civilisation, deux mille ans avant Jésus-Christ ; elle reçut alors les premières notions de l'agriculture et des arts. A cette époque succèdent les temps héroïques, où il faut placer la guerre de Troie ;

puis arrive la barbarie ; ensuite la civilisation revient. Alors la Grèce fonde des colonies partout, même dans la Gaule, et sa prospérité va toujours grandissant. Athènes et Sparte se font la guerre, Épaminondas est vaincu, cette dernière périt. Profitant de la dissension des Grecs, Philippe les assujettit à la bataille de Chéronée ; puis les Romains s'en emparent cent quarante-six ans avant Jésus-Christ.

Tout près de l'Acropole, et au sommet de la colline du Muséum, se trouve un monument élevé en l'honneur de Philoppapus ; l'histoire ne parle pas de cet homme : l'architecture en est lourde et sans caractère. En descendant, nous vîmes la prison de Socrate, taillée dans le roc, où ce philosophe but la ciguë : on nous montra son tombeau et celui de la douce Xantippe, sa femme.

L'église grecque schismatique est la religion du pays. Il y a à Athènes une chapelle où l'on célèbre le culte catholique.

Le Pnyx, où se tenaient les assemblées du peuple, est près de ce point ; on y voit une grande tribune en pierre, c'était là que s'agitaient les questions les plus importantes : la paix ou la guerre... Pour aller à l'Aréopage on n'a qu'à descendre et remonter une toute petite colline ; les aréopagites siégeaient sur ce roc en plein air. En allant au temple de Thésée, qui est au-dessous, vous verrez une roche unie comme de l'acier poli, où les femmes mariées se laissaient glisser dans l'espoir de devenir mères. Le temple, dont il est parlé quelques lignes plus haut, est le monument le mieux conservé que l'antiquité nous ait légué; il est d'ordre dorique, ses colonnes sont cannelées, basses; toutes existent, c'est le muséum d'Athènes. Je passai ensuite près de la lanterne de Démosthène, aux colonnes d'ordre corinthien; je vis la tour des Vents avec ses figures allégoriques; je m'arrêtai pour examiner la pierre sur laquelle sont inscrits les cours des denrées au temps de Périclès; je traversai une porte de construction romaine, et je parcourus les différents quartiers de la ville. Nous eûmes l'honneur de présenter nos hommages à M. Forth-Rouen, ambassadeur de France, et la satisfaction de saluer le roi et la reine, remarquable par sa grâce et sa beauté, et qui est surtout très-bien à cheval en amazone. Nous visitâmes une deuxième fois tous les monuments, ils nous parurent encore plus beaux. Lysippe avait peut-être raison, de son temps, dans une de ses comédies, de s'écrier : « Qui ne désire pas de voir Athènes est stupide, qui la voit sans s'y plaire est plus stupide encore, mais le comble de la stupidité est de la voir, de s'y plaire et de la quitter. » Nonobstant ces observations ampoulées de cet écrivain, je la quittai sans trop de regret et revins au Pyrée; je passai la soirée chez M. Féraldi, qui se montra très-affectueux, et qui voulut bien nous accompagner à bord du petit paquebot du Lloyd, *l'Archiduc-Jean.*

De bonne heure, le matin, nous naviguions laissant à droite Salamine, Éleusis, Mégare, et à gauche Épidaure ; en quelques heures, nous fûmes à Kalamaki, mauvais petit bourg ; nous prîmes place dans une assez bonne voiture, escortés par la gendarmerie ; en une heure nous traversâmes l'isthme de Corinthe ; après avoir mis pied à terre à Lutraki, autre mauvais et triste petit endroit, nous prîmes place sur le paquebot autrichien *l'Archiduc-Louis*. L'Acro-Corinthe nous montre sa citadelle ; au pied de la montagne nous voyons Corinthe, et à l'aide de nos lunettes les quelques colonnes qui restent d'un ancien temple. *Tout le monde ne peut aller à Corinthe*, disait-on jadis ; c'est que cette ville était renommée par son luxe et la dissolution de ses mœurs, et qu'il devait, par conséquent, y faire cher vivre. Fameuse par ses bronzes, elle était remplie de statues et devait être importante ; aujourd'hui ce n'est plus qu'une misérable bourgade produisant d'excellents raisins, qui s'expédient en Angleterre, où ils servent à faire du plum-pudding très-vanté. Ainsi le temps se charge de tout renverser !

Nous naviguâmes dans le golfe de Lépante, nous vîmes la ville de ce nom construite sur la pointe d'un rocher, elle est dominée par un fort. Dans ses eaux se livra, en 1571, une fameuse bataille navale entre les Turcs d'un côté, les Vénitiens et quelques galères du pape et les vaisseaux espagnols de l'autre. Don Juan d'Autriche, fils de Charles-Quint, qui commandait les flottes réunies, battit complétement les adorateurs de Mahomet : la croix eut encore cette fois le dessus sur le croissant. Patras est d'un bel aspect ; située au pied d'une colline garnie de vignes, la ville est assez bien percée ; sur une place se trouvent deux fontaines avec quatre colonnettes et un petit obélisque de très-mauvais goût ; il y a des trottoirs, les rues sont larges ; la population est belle. Le costume des hommes est magnifique ; ils sont tous très-propres, leur fustanelle est d'une blancheur irréprochable, leur physionomie est énergique. Les montagnes qui font face à la ville sont très-élevées et d'une aridité qui fait mal à l'œil. Nous trouvons ici le brick français *le Mercure*, de vingt-deux canons, et un brick anglais : l'entente la plus cordiale règne entre les deux équipages. Ainsi qu'à Athènes, il y a à Patras, dans des niches, des vierges en pierre avec des lampes qui brûlent.

Missolonghi, où mourut lord Byron, est situé au pied de montagnes arides ; nous ne pouvons approcher de la ville à cause des bas-fonds. Dans la nuit le bateau touche à Zante, à Céphalonie, et, le lendemain, nous prenons pied à Corfou. La ville est bien fortifiée ; la place où est le palais du gouverneur anglais est belle ; on y remarque une statue en bronze et un obélisque en pierre un peu petit. Nous naviguons ensuite le long des côtes de l'Italie, nous sommes dans l'Adriatique ; nous faisons une courte station devant Brindes, où s'embarquaient les Romains pour se rendre en Grèce. Nous voyons Monopoli, la plus grande ville de la Pouille ; ses dômes et ses clochers sont nombreux. Tout près se trouvent de grandes plantations d'oliviers ; plus loin nous apercevons Polignano, avec sa tour surmontée d'un télégraphe et son beau couvent de San-Vito, avec ses terrasses à balustres. Viennent ensuite Mola, aux maisons blanchies ; Bari, avec son clocher élevé et son vieux château, Bari dont la position est délicieuse, pas une montagne, l'horizon est sans bornes ; aux alentours, des maisons de campagne et de grands villages ; au loin, dans les terres, Bitonto, grande ville ; son territoire produit beaucoup d'huile et de fruits. Molfetto se montre à nous, puis Vicellio, Trani, Baletti. Nous sommes dans le golfe de Manfredonia ; à plus de cent kilomètres s'élève une haute montagne, c'est celle d'Ancône. Nous laissons à gauche Lorette, d'où s'élancent un dôme élevé et un beau clocher ; Lorette, célèbre dans la catholicité à cause du tombeau de la Vierge qui y fut apporté par les anges. Il était nuit quand nous jetâmes l'ancre dans le port du chef-lieu des Marches. Nous avions quitté Athènes depuis six jours ; nous étions mal à bord sur un petit bateau ; la nourriture était mauvaise, le navire peu confortable ; nous dîmes adieu sans regret au terrible élément ; nous étions heureux, car nous foulions un sol civilisé. *Italiam ! Italiam !*

Ancône est une jolie ville, entourée de collines et dominée par une citadelle; la bourse est un assez bel édifice; la cathédrale est bien située; les rues sont propres.

La langue italienne me paraît aussi facile à comprendre que celle de mon pays; depuis longtemps mes oreilles n'étaient habituées qu'à l'arabe ou au turc : que ce langage suave et harmonieux me fit plaisir à entendre !

Nous traversâmes Sinigaglia, ville renommée par sa foire annuelle du mois de juillet, et patrie de Pie IX ; Pesaro, qui a vu naître Rossini, l'immortel auteur de *Guillaume Tell*; puis Rimini. Non loin d'ici nous passons le Rubicon. Nous vîmes Faënza, Imola, et, après avoir traversé un pays admirable depuis Ancône, des routes superbes, des villes d'un bel aspect, quoique petites et toutes fortifiées, nous atteignîmes Bologne. Messieurs les brigands avaient daigné n us laisser tranquilles. Presque toutes les rues ont des portiques des deux côtés. La cathédrale, dédiée à saint Pierre, n'a rien de remarquable. Saint-Pétrone est une église immense, presque aussi grande que le dôme de Milan, l'architecture est de style gothique. Saint-Dominique est vanté avec raison pour ses richesses artistiques : on y trouve des tableaux du Guerchin, du Guide, de Louis Carrache, et un petit ange en marbre dû au ciseau de Michel-Ange, il sert de flambeau à la chapelle du saint dont l'église porte le nom. L'Académie des beaux-arts renferme une précieuse collection de toiles :

les trois Carraches y figurent ; c'est dans ce musée qu'on remarque la sainte Cécile de Raphaël, ce nom indique la valeur de cette œuvre. La fontaine du Géant s'élève en face du palais du podestat ; c'est un ouvrage vanté, dû à Jean de Bologne ; elle représente Neptune debout, tenant le trident ; je la préférerais moins indécente.

Je ne puis m'expliquer comment saint Charles Borromée, qui la fit faire, put tolérer une pareille nudité. Je n'aime pas les statues à l'état de nature sur les lieux publics ; l'art y gagne, mais les bonnes mœurs y perdent. La tour penchée des Asinelli a plus de trois cents pieds de hauteur ; son inclinaison est de cinq pieds ; on arrive au haut par un petit escalier adossé au mur, tout vermoulu et qui craque sous les pieds, c'est assez dangereux. La tour de Garissendi, à côté de celle-ci, est beaucoup plus inclinée, mais bien moins haute. Le cimetière est près de la ville, les mausolées sont dignes d'être vus. Pour aller au mont de la Garde, au haut duquel se trouve une église dédiée à Saint-Luc, il faut suivre une route bordée pendant trois à quatre kilomètres d'un portique composé de sept cents arcades ; en temps de pluie on peut s'y rendre sans se mouiller. Je me trouvai là un dimanche, c'était le jour où l'on célébrait la fête de Saint Pétrone ; il y avait foule d'équipages élégants. Après avoir quitté Bologne, je traversai le fleuve Panaro sur un joli pont ; j'entrai dans les États du sérénissime duc de Modène. A

gauche, les Apennins, à la cime neigeuse ; la campagne
est boisée. Quelques heures après, je traversai Castel-
Franco, puis j'arrivai à Modène, qui a de belles rues à arcades. Le palais du duc est grandiose. Je franchis ensuite
la rivière de Seccia. Je vis Reggio. Après avoir passé
l'Enza, je mets pied à terre pour montrer mon passeport
aux douaniers du duc de Parme, dont nous atteignons
vite la capitale. Les rues sont belles, droites, larges,
bien pavées, mais un peu tristes. La cathédrale est de
très-vieille date ; le baptistère, qui est à côté de celle-ci,
est de forme octogone, orné de belles colonnes ; sa construction remonte au douzième siècle. Le palais ducal est
un édifice assez ordinaire. Mais ce qu'il faut voir à Parme,
c'est la bibliothèque, qui renferme cent mille volumes ; le
musée, où se trouvent des peintures d'un grand prix,
sortant des pinceaux des Carraches, de Raphaël, des
Guerchins, de Titien, de Van-Dick. Il a été restauré et
agrandi par Marie-Louise, veuve de Napoléon, que l'on
voit représentée en marbre et assise dans une chaise
curule. Il y a aussi une collection d'antiquités pleine d'intérêt. Le grand théâtre Farnèse était le plus beau de ce
genre qui existât au monde, il est délabré de nos jours ;
il pouvait contenir huit mille spectateurs.

Après avoir quitté Parme, nous traversâmes la rivière
de Taro sur un très-beau pont, où l'on voit deux groupes
représentant Cérès et Neptune ; la route est large, les che-

vaux sont bons, les harnais propres. Les habitants, que je rencontre par groupes à San-Donino, portent le même costume que nos excellents paysans de France ; presque tous ont la veste de velours et le chapeau blanc à larges bords. Plaisance est une ville bien fortifiée. On examinera sur une place les statues équestres d'Alexandre et de Rannucio Farnèse. Nous y séjournâmes peu de temps. Une demi-heure après l'avoir quittée, je traverse la Trebbie, nom fameux dans l'histoire d'Annibal, sur un pont construit par Marie-Louise ; puis je vois San-Giovanni, que je recommande aux plus fins amateurs de beaux paysages. Nous avons à subir l'examen pacifique des douaniers de Cardasso, très-humbles serviteurs du roi de Sardaigne, dans le royaume duquel nous avons le plaisir de nous trouver ; la route est magnifique ; nous côtoyons des montagnes pittoresques ; à droite, la plaine se déroule à perte de vue. Nous traversons le champ de bataille de Marengo. Nous voyons un château qui borde la route, il est clos d'une grille, c'était là que se trouvait le quartier général de Napoléon. La statue du grand homme est au milieu de la cour ; il a la main gauche appuyée sur une épée ; il porte le costume de général.

Nous passons la Bormida, et pénétrons dans Alexandrie, dont la citadelle est célèbre. C'est une ville de vingt mille âmes, assez monotone. Nous prenons la *via ferrata*. Après avoir traversé Arquata, nous nous engouffrons dans la large chaîne des Apennins ; nous sortons d'un tunnel pour entrer dans un autre. Ce chemin est, dit-on, le travail le plus colossal qui existe en Europe ; il fallut vaincre des difficultés immenses ; il a coûté des sommes fabuleuses.

Arrivés à Gênes, nous allons descendre à l'hôtel Fœder. J'examine avec un intérêt nouveau ses rues, ses places, ses palais, que je connaissais déjà. A ce sujet j'ai écrit quelques pages qui paraîtront plus tard. A mon premier voyage je n'avais pas vu la villa Palaviccini ; j'étais loin de supposer que le noble marquis qui porte ce nom eût un parc aussi féerique : c'est un véritable Éden que cette villa, bâtie sur la pente d'une colline ; ce noble Génois a déployé là presque la grandeur d'un roi. Il y a un petit arc de triomphe des plus élégants, des kiosques, des serres magnifiques, des arbres de toutes les parties du monde, de l'eau en abondance, et une grotte surtout où l'on se promène en bateau, qui fait penser aux champs Élysées des anciens. L'habitation seule du maître ne répond pas à la beauté des jardins. Tout à côté s'élève l'église d'un village ; le marquis a fait édifier le clocher à ses frais. Il faut avoir une permission signée de lui pour visiter cette résidence : il habite via Carlo-Felice, à Gênes.

Nous quittâmes la cité des doges, et nous longeâmes la mer ; nous traversâmes Cogolito, patrie de Christophe Colomb. On nous désigna la maison où le grand navigateur vint au monde ; elle est peinte de différentes couleurs ; on lit sur la façade l'époque de sa naissance et l'âge qu'il avait quand il quitta Cogolito ; aujourd'hui il y a un café désigné sous le nom de *Colombo*. La Méditerranée se montre sans cesse ; elle est calme ; presque à nos pieds passent des navires, des vapeurs à la marche rapide. Ce panorama est grandiose : voilà Savone, puis Fœrazzo, renommée pour la construction des navires. Non loin de là, la route est bordée, d'un côté, de rochers, au haut desquels croissent des pins. L'air est frais, le temps très-beau, le chemin que nous foulons du galop de nos chevaux est bien entretenu, on le dirait à pic sur la mer ; avec juste raison on l'appelle la Corniche. Nous voilà à Arbissola, petit endroit renommé par ses poteries. Il possède un petit théâtre-modèle de genre, construit par Gabriel Chiabrera, sculpteur de réputation en Italie.

Nous passons sous un petit tunnel ; à notre droite existe une tour sur un rocher qui produit le meilleur effet ; ravis de ce paysage, nous sommes trop vite arrivés à Finale, avec son château fortifié. On nous montre un bel arc de triomphe élevé en l'honneur de Charles-Albert, et une jolie église dont la façade est peinte. Nous pénétrons dans une ville à très-longue rue, où les femmes, assez jolies, portent des bandeaux bouffants, ce qui les coiffe bien ; cette ville est Lonano, si je ne me trompe. Alassio est bâti au bas d'une colline que nous gravissons à pied ; au haut s'élève une église blanchie. Oneglia est une charmante petite ville ;

il y a une rue à belles arcades. Nous traversons en la quittant un pont en fil de fer, et puis nous voilà à Saint-Remo, puis à Vintimiglia. De grand matin, j'aperçus, du haut d'une côte et au bord de la mer, une ville fortifiée, c'est Monaco, *fameuse* par sa principauté. Nous longeons toujours la Méditerranée; le coup d'œil varie à chaque instant. Nous entrons dans Nice, ville calme : les places Saint-Dominique et Saint-Victor sont de petite dimension; la rue Saint-François est *la rue de la Paix* du pays; les boulevards sont larges.

Une heure après avoir quitté cette ville, séjour des malades, nous traversons le Var. De l'autre côté du pont je vois un soldat français, c'est un voltigeur du 18e de ligne qui monte la garde. Salut, belle France ! nous foulons ton sol... Salut, mon beau pays! nous voilà protégés par ton drapeau !... Antibes, non loin de laquelle, sur la route, est une colonne indiquant le lieu où débarqua Napoléon au retour de l'île d'Elbe ; Draguignan, Brignolles me séduisent peu. J'ai aperçu confusément l'île Sainte-Marguerite, où fut enfermé l'homme au masque de fer. Voilà Aubagne... je touche à Marseille; mon âme s'épanouit ; l'église de Notre-Dame de la Garde m'apparaît, j'entre dans la vieille cité phocéenne, puis je prends la voie ferrée. Arrivés sur le pont de Beaucaire, au moment où on contrôlait nos billets, une locomotive vint heurter notre convoi ; heureusement le choc ne fut pas fort. Mourir ici, m'écriai-je, précipité dans le Rhône, ou écrasé, après avoir échappé aux flots de la mer et aux Arabes de la mer Morte ! ce serait jouer de malheur. La vapeur siffle de nouveau.

Nous laissons à gauche la belle plaine d'oliviers qui s'étend jusqu'à Arles, nous sommes à Nîmes, nous traversons le Vidourle, nous voilà dans l'Hérault, en un instant à Montpellier, où je vais serrer, avec transport, ma fille dans mes bras au pensionnat des Dames du Sacré-Cœur.

S'il est dans la vie de mauvais moments, il en est de bien doux aussi. Parmi ces derniers je place le plaisir qu'on ressent en rentrant chez soi après une longue absence ; mais quand on a fait deux mille lieues, qu'on arrive de pays lointains et difficiles à parcourir, le bonheur prend des proportions plus grandes. On comprendra facilement la satisfaction que je dus éprouver, après cinq mois d'absence, lorsque, accompagné de mon enfant, je revis mon père, ma mère et ma famille.

Tout à la joie de mon retour, je bénis Dieu de m'avoir fait rentrer en santé au foyer paternel !

F I N.

Paris. — Typographie Morris et Comp., rue Amelot, 64.

ERRATA

Page   29,   ligne 26,   lisez : pour arriver à Alexandri

Page 108,   ligne 3,   lisez : Jésus, au lieu de Judas.

Page 153,   ligne 11,   lisez : out à attendre.

Page 162,   ligne 7,   lisez : je dirait et non je leur di

Page 168,   ligne 17,   lisez : de 18 centimes la piastr

Page 168,   ligne 17,   lisez : pas trop se.

Page 176,   ligne 21,   lisez : nonobstant les observati

Page 180,   ligne 4,   lisez : me parût.

Page 185,   ligne 7,   lisez : Ferrajjo.

www.ingramcontent.com/pod-product-compliance
Lightning Source LLC
Chambersburg PA
CBHW051246050726

47594CB00001B/324